かっこいい小学生になろう

Z会
グレードアップ
問題集

小学**1**年
算数
文章題

●はじめに

Ｚ会は「考える力」を大切にします

　『Ｚ会グレードアップ問題集』は，教科書レベルの問題集では物足りないと感じている方・難しい問題にチャレンジしたい方を対象とした問題集です。当該学年での学習事項をふまえて，発展的・応用的な問題を中心に，一冊の問題集をやりとげる達成感が得られるよう内容を厳選しています。少ない問題で最大の効果を発揮できるように，通信教育における長年の経験をもとに"良問"をセレクトしました。単純な反復練習ではなく，１つ１つの問題にじっくりと取り組んでいただくことで，本当の意味での「考える力」を育みます。

読解力・思考力・応用力を伸ばすには文章題学習が最適

　低学年のお子さまは，文章題を解く際にきちんと考えずに，すぐに立式してしまうことがあります。たしかに，単純な問題の場合は出てきた数字を式にあてはめるだけで正解できてしまうこともあるでしょう。しかし，そのようなことを続けていくと高学年で急に算数が苦手になってしまう可能性があります。

　そこで，本書では

　　　ぱっと見ただけでは，すぐに何算なのか判断できないもの
　　　条件を過多に与え，情報の取捨選択ができるかどうかを試すもの
　　　図などを適宜用いて，状況を整理しながら考えていくもの

を出題しています。これらの問題は，教科書ではなかなか取り上げられることのない問題です。こういった"ちょっと背伸びをした学習"を通して，今後の算数学習に必要な「読解力・思考力・応用力」などの力を伸ばしていきます。

この 本の つかいかた

1 この 本は ぜんぶで 40かいあるよ。
1から じゅんばんに，1かいぶんずつ やろう。

2 1かいぶんが おわったら，おうちの 人に まるを つけて もらおう。

3 まるを つけて もらったら，つぎの ページにある もくじに シールを はろう。

4 しっていたら かっこいい！ で しょうかいしている ことは，ともだちも しらない ちしきだよ。がっこうで ともだちに じまんしよう。

保護者の方へ

お子さまの学習効果を高め，より高いレベルの取り組みをしていただくために，保護者の方にお子さまと取り組んでいただく部分があります。「解答・解説」を参考にしながら，お子さまに声をかけてあげてください。

お子さまが問題に取り組んだあとは，丸をつけてあげましょう。また，各設問の配点にしたがって，点数をつけてあげてください。

🔺マークがついた問題は，発展的な内容を含んでいますので，解くことができたら自信をもってよい問題です。大いにほめてあげてください。

いっしょに むずかしい もんだいに ちょうせんしよう！

イーマル

ミルマリ

イワンコ

もくじ

おわったら シールを はろう。

1	こうえんに いったよ ① …………6
2	こうえんに いったよ ② …………8
3	ふえたり へったり ① …………10
4	ふえたり へったり ② …………12
5	たしざんと ひきざん …………14
6	どんな しきに なるかな ① …………16
7	どんな しきに なるかな ② …………18
8	たしざんかな ひきざんかな ① …………20
9	たしざんかな ひきざんかな ② …………22
10	たしざんかな ひきざんかな ③ …………24
11	きみは 名たんてい …………26
12	かいものに いこう …………28
13	こうじょう見学 …………30
14	サッカーを したよ …………32
15	日きを よんで こたえよう …………34
16	ちがう ものの けいさん ① …………36
17	ちがう ものの けいさん ② …………38
18	おおい すくない ① …………40
19	おおい すくない ② …………42
20	なんばんめ ① …………44

21	なんばんめ ② ……46
22	いろいろな けいさん ① ……48
23	いろいろな けいさん ② ……50
24	いえは どこかな？ ……52
25	さんすう どうぶつえん ……54
26	なにを はなして いるのかな ……56
27	お手つだいを したよ ……58
28	水ぞくかんに いったよ ……60
29	たすのかな ひくのかな ① ……62
30	たすのかな ひくのかな ② ……64
31	なんばんめの とっくん ① ……66
32	なんばんめの とっくん ② ……68
33	たからさがしを しよう ……70
34	いろいろな けいさん ③ ……72
35	いろいろな けいさん ④ ……74
36	パーティーの じゅんび ……76
37	やきゅうの しあいを したよ ……78
38	音がくかいに いったよ ……80
39	キャンプを したよ ……82
40	ゆうえんちに いったよ ……84

第1回 こうえんに いったよ ①

学習日　月　日　　得点　／100点

1　こうえんの 花だんに 赤い 花と きいろい 花が さいて います。赤い 花は 7本, きいろい 花は 2本です。花だんに さいて いる 花は なん本でしょう。(式10点, 答え5点)

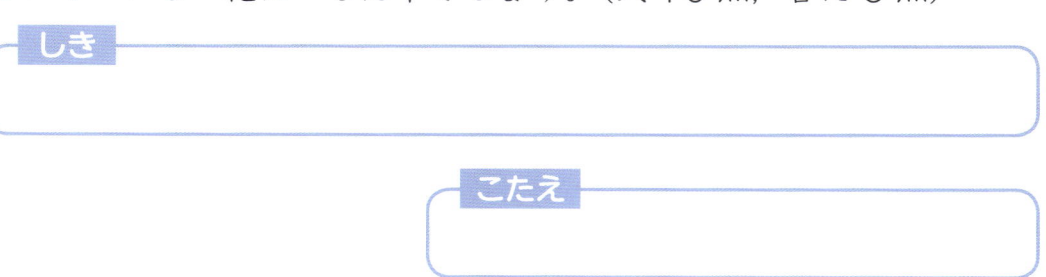

しき

こたえ

2　ひかるさんは どんぐりを 2こ もって います。いま, また 6こ ひろいました。ひかるさんが もって いる どんぐりは ぜんぶで なんこに なったでしょう。(式10点, 答え5点)

しき

こたえ

3　こうえんには 白い ねこと くろい ねこが あわせて 8ひき います。くろい ねこは 2ひきです。白い ねこは なんびき いるでしょう。(式10点, 答え5点)

しき

こたえ

4 こうえんに いる 子どもたちの かずを かぞえたら、女の子が 5人で、男の子が 9人 でした。

1 こうえんに いる 男の子は 女の子より なん人 おおいでしょう。(式10点, 答え5点)

しき

こたえ

2 こうえんに いる 女の子と 男の子は あわせて なん人 いるでしょう。(式10点, 答え5点)

しき

こたえ

3 いま、女の子が 1人、こうえんから 出て いきました。こうえんに のこって いる 女の子は なん人でしょう。

(式15点, 答え10点)

しき

こたえ

第2回 こうえんに いったよ ②

学習日 　月　日　　得点 　／100点

1 みんなで おべんとうを たべて います。

① おべんとうの 中には からあげが 8こ, コロッケが 6こ 入って います。からあげは コロッケより なんこ おおいでしょう。(式10点, 答え5点)

しき

こたえ

② おにぎりが 10こ あります。6こ たべると のこりは なんこに なるでしょう。
(式10点, 答え5点)

しき

こたえ

③ なみさんは ぶどうを 4つぶ たべました。そのあと, また 3つぶ たべました。なみさんが たべた ぶどうは なんつぶに なったでしょう。(式10点, 答え5点)

しき

こたえ

2 13人が 赤ぐみと 白ぐみに わかれて こうえんの ひろばで ドッジボールを する ことに しました。
　赤ぐみは 7人です。

① 白ぐみは なん人 いるでしょう。(式10点, 答え5点)

　しき

　こたえ

② いま, がいやに いる 人は 赤ぐみと 白ぐみ あわせて 3人です。ないやに いる 人は なん人でしょう。
(式10点, 答え10点)

　しき

　こたえ

③ ひろばには, ドッジボールを して あそんで いる 人の ほかに あそんで いる 人が 5人 います。ひろばで あそんで いる 人は ぜんぶで なん人 いるでしょう。
(式10点, 答え10点)

　しき

　こたえ

第3回 ふえたり へったり ①

学習日　月　日　得点　／100点

1　ちゅう車じょうに とまって いる 車の かずを かぞえて います。青い 車が 2だい, 赤い 車が 4だい, 白い 車が 3だい とまって いました。
　ちゅう車じょうに とまって いる 車は ぜんぶで なんだいでしょう。(式10点, 答え10点)

しき

こたえ

2　やおやさんに きゅうりが 8本 あります。あつしさんは 2本, まさしさんは 4本 かう ことに しました。
　あつしさんと まさしさんが かった あと, やおやさんの きゅうりは なん本に なるでしょう。(式10点, 答え10点)

しき

こたえ

3 スーパーには キャベツが 7玉, レタスが 2玉, かぶが 4玉 あります。キャベツと レタスと かぶは あわせて なん玉 あるでしょう。(式10点, 答え10点)

しき

こたえ

4 花やさんでは きいろい チューリップと ピンクの チューリップを うって います。きいろい チューリップは 5本, ピンクの チューリップは 4本 あります。そのうちの 2本を かうと, のこった チューリップは なん本に なるでしょう。(式10点, 答え10点)

しき

こたえ

5 おもちゃやさんで かいものを して いる 人が 7人 いました。そのうち, 6人が 出て いった あと, 3人が 入って きました。おもちゃやさんで かいものを して いる 人は なん人に なったでしょう。(式10点, 答え10点)

しき

こたえ

第4回 ふえたり へったり ②

1 バスに のって いる 人が 8人 います。バスていに ついた とき、4人 おりて、2人 のりました。さらに、つぎの バスていで 1人 のりました。
　いま、バスに のって いる 人は なん人でしょう。

（式10点、答え10点）

しき

こたえ

2 ふくろの 中に あめが 5こ 入って います。そこへ、もらった あめを 2こ 入れました。そのあと、3こ とり出して たべましたが、また 4こ もらったので、もらった あめを ふくろの 中に 入れました。
　いま、ふくろの 中に 入って いる あめは なんこでしょう。（式10点、答え10点）

しき

こたえ

3 さとしさんは 本を 9さつ よもうと おもって います。きのうは 1さつ, きょうは 3さつ よみおわりました。あす 4さつ よむと のこりは なんさつに なるでしょう。

(式10点, 答え10点)

しき

こたえ

4 はこの 中に たくさんの アイスクリームが 入って います。しゅるいごとの かずを しらべたら, いちごあじが 6こ, レモンあじが 3こ, オレンジあじが 7こ, バニラあじが 2こ でした。はこの 中に 入って いる アイスクリームは ぜんぶで なんこでしょう。(式10点, 答え10点)

しき

こたえ

5 でんせんに とりが 4わ とまって います。さらに 8わ とんで きた あと, また 5わ とんで きました。そのあと, 3わ とんで いきました。いま, でんせんに とまって いる とりは なんわでしょう。(式10点, 答え10点)

しき

こたえ

第5回 たしざんと ひきざん

学習日　月　日　得点　/100点

1 水そうの 中に、赤い 金ぎょが 12ひき、くろい 金ぎょが 7ひき います。

① 水そうの 中に いる 金ぎょは あわせて なんびきでしょう。（式10点，答え10点）

しき

こたえ

② 赤い 金ぎょと くろい 金ぎょは、どちらが なんびき おおいでしょう。（式10点，答え10点）

しき

こたえ

③ 赤い 金ぎょを 3びき とり出しました。水そうの 中に いる 赤い 金ぎょは なんびきでしょう。

（式10点，答え10点）

しき

こたえ

2 とけいを うって いる みせが あります。この みせには おきどけいが 3こ、うでどけいが 15こ あります。

① この みせの とけいは あわせて なんこ あるでしょう。
(式10点、答え10点)

しき

こたえ

② この みせの おきどけいと うでどけいの かずは どちらが なんこ おおいでしょう。(式10点、答え10点)

しき

こたえ

しって いたら かっこいい！ ローマすう字

こんな すう字を 見た ことは あるかな？

Ⅰ, Ⅱ, Ⅲ, Ⅳ, Ⅴ, Ⅵ, Ⅶ, Ⅷ, Ⅸ, Ⅹ
1, 2, 3, 4, 5, 6, 7, 8, 9, 10

この すう字は「ローマすう字」と いうよ。
Ⅴは 5を あらわして いて、Ⅳは 5－1で 4、Ⅵは 5＋1で 6と いうように、Ⅴの 左がわが ひきざん、右がわが たしざんに なって いるよ。
「ローマすう字」は とけいに つかわれて いる ことも あるから ぜひ さがして みてね。

どんな しきに なるかな ①

1 ドーナツが 16こ，ケーキが 5こ あります。ひろとさんが ドーナツを 4こ たべました。ドーナツは なんこ のこって いるでしょう。（式15点，答え15点）

こたえ

　この もんだいには こたえを 出す ときには ひつようの ない かずが 入って いるね。
　ドーナツの のこりの かずを こたえるから，「さいしょに あった ドーナツの かず」と「ひろとさんが たべた ドーナツの かず」を つかうんだね。
　下のように，どの かずが ひつようかを かんがえて こたえを もとめられたら かっこいいよ！

ドーナツが 16こ，ケーキが 5こ あります。ひろとさんが ドーナツを 4こ たべました。ドーナツは なんこ のこって いるでしょう。

2 ゆたかさんと ともみさんが おりがみを して います。ゆたかさんは つるを 15わと ひこうきを 3き つくりました。ともみさんは つるを 2わ つくりました。ゆたかさんと ともみさんが つくった つるは あわせて なんわでしょう。(式15点, 答え15点)

しき

こたえ

ゆたかさんと ともみさんが つくった つるの かずだけに 気を つければ いいね。

3 かさ立てに きいろい かさが 10本, くろい かさが 7本 あります。さらに, きいろい かさを 3本 入れました。かさ立てに 入って いる きいろい かさは なん本に なったでしょう。(式20点, 答え20点)

しき

こたえ

くろい かさの かずは つかわないね。

第7回 どんな しきに なるかな ②

学習日　月　日　　得点　／100点

1 きってが 14まい，ふうとうが 8まい，はがきが 3まい あります。きってと はがきは あわせて なんまい あるでしょう。(式10点，答え10点)

しき

こたえ

2 たまごが 17こ，トマトが 8こ あります。たまごの うちの 6こが ゆでたまごです。生たまごは なんこ あるでしょう。(式10点，答え10点)

しき

こたえ

ゆでたまごで ない たまごは 生たまごだと かんがえて いいよ。

18

3 まりさんは クッキーを 8まい もって います。おかあさんから クッキーを 7まいと あめを 4こ もらいました。まりさんが もって いる クッキーは なんまいに なったでしょう。(式10点, 答え10点)

しき

こたえ

4 くろい えんぴつが 19本, 赤い えんぴつが 7本, 青い えんぴつが 3本 あります。くろい えんぴつは 赤い えんぴつより なん本 おおいでしょう。(式10点, 答え10点)

しき

こたえ

5 コップ 10ぱいぶんの オレンジジュースと, コップ 11ぱいぶんの りんごジュースが あります。りんごジュースを コップ 2はいぶん のみました。
　りんごジュースの のこりは コップ なんばいぶんに なったでしょう。(式10点, 答え10点)

しき

こたえ

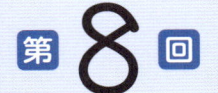

第8回 たしざんかな　ひきざんかな ①

学習日　月　日　得点　／100点

1　さいしょ，いけの 中に かもが 9わ，あひるが 7わ いました。あとから あひるが 6わ やって きました。

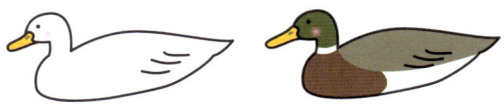

1　さいしょ，いけの 中に いた かもは あひるより なんわ おおいでしょう。（式 10点，答え 5点）

しき

こたえ

2　あひるは なんわに なったでしょう。（式 10点，答え 5点）

しき

こたえ

3　いま，いけの 中に いる かもと あひるは どちらが なんわ おおいでしょう。（式 15点，答え 10点）

しき

こたえ

2 1年生と 2年生が ひろばで あそんで います。ぼうしを かぶって いない 人は 2人です。ぼうしを かぶって いる 人は 1年生が 9人，2年生が 7人です。

1 ぼうしを かぶって いる 人は ぜんぶで なん人でしょう。
(式10点，答え5点)

しき

こたえ

2 ぼうしを かぶって いる 人は ぼうしを かぶって いない 人より なん人 おおいでしょう。
(式10点，答え5点)

しき

こたえ

3 ひろばで あそんで いる 1年生と 2年生は あわせて なん人でしょう。(式10点，答え5点)

しき

こたえ

第9回 たしざんかな ひきざんかな ②

1 ケーキが 1こずつ 入る はこが 17はこ あります。いま, このうちの 6ぱこに ショートケーキが, 2はこに チョコレートケーキが 入って います。

① いま, ケーキが 入って いる はこは なんはこ あるでしょう。(式10点, 答え5点)

しき

こたえ

② ショートケーキが 入って いる はこと チョコレートケーキが 入って いる はこでは どちらが なんはこ おおいでしょう。(式15点, 答え10点)

しき

こたえ

③ 空の はこは なんはこ あるでしょう。

(式10点, 答え5点)

しき

こたえ

2 みきさんの クラスで ピアノを ならって いる 人の かずを しらべました。みきさんの クラスには 男の子が 17人, 女の子が 11人 います。ピアノを ならって いる 男の子は 3人, 女の子は 6人でした。

1 ピアノを ならって いない 男の子は なん人でしょう。
(式10点, 答え5点)

しき

こたえ

2 ピアノを ならって いない 女の子は なん人でしょう。
(式10点, 答え5点)

しき

こたえ

3 ピアノを ならって いない 男の子と 女の子は あわせて なん人でしょう。(式10点, 答え5点)

しき

こたえ

第10回 たしざんかな ひきざんかな ③

1 こうえんに 1年生が 16人 います。そのうち,女の子は 7人,男の子は 9人です。ぼうしを かぶって いる 女の子は 1人で,ぼうしを かぶって いる 男の子は 8人です。

① ぼうしを かぶって いない 男の子は なん人でしょう。
（式10点,答え10点）

しき

こたえ

② ぼうしを かぶって いない 女の子は なん人でしょう。
（式10点,答え10点）

しき

こたえ

③ ぼうしを かぶって いない 1年生は ぜんぶで なん人でしょう。（式10点,答え10点）

しき

こたえ

2 りえさんは 青い おはじきを 5こ, 赤い おはじきを 8こ もって います。ようさんが もって いる おはじきは 6こ です。

① りえさんが もって いる おはじきは ぜんぶで なんこでしょう。(式10点, 答え10点)

しき

こたえ

② もって いる おはじきの かずは りえさんと ようさんの どちらが なんこ おおいでしょう。(式10点, 答え10点)

しき

こたえ

しっていたら かっこいい！ ― いちばん さいしょの かず

さいしょに かんがえ出された かずは なんだと おもう？
「1」? それとも 「0」?
じつは 「2」なんだよ。
かずは なにかを かぞえようと するときに ひつように なったんだよ。ものが 1つしか ない ときも, 1つも ない ときも かぞえる ひつようは ないね。
ものが 「2つ」に なった ときに かずが ひつように なったんだね。
だから,「2」が いちばん さいしょに かんがえ出された かずだよ。

第 11 回 きみは 名たんてい

学習日　月　日　　得点　／100点

1 えを 見て, 正しい こたえの (　) に ○を かきましょう。
(1つ 25点)

① 花たばを もって いる 人は 4人です。  ?の 人は
花たばを もって いるでしょうか。
(　) もって いる。　　(　) もって いない。

② 花たばを もって いて, めがねを かけて いる 人は
1人です。 ?の 人は めがねを かけて いるでしょうか。
(　) かけて いる。　　(　) かけて いない。

2 下の えのように, カードが 7まい ならべて おいて あります。

左  右

　イーマルが カードを 1まい えらびました。
　イーマルの はなしを よんで, イーマルが えらんだのは 左から なんばん目の カードかを こたえましょう。(50点)

イーマル

　ぼくが えらんだ カードに かかれて いる きごうは 「□」では ないよ。
　ぼくが えらんだ カードの 1つ 左には 「×」が かかれた カードが あるよ。

こたえ　イーマルが えらんだのは 左から  ばん目の カードです。

　もんだいを よんで すいりして かんがえる ことが できたら かっこいいね！

第12回 かいものに いこう

1 てつやさんは スプーンを かいに いきました。みせには 金いろの スプーンが 6本と ぎんいろの スプーンが 12本 あります。てつやさんは 金いろの スプーンを 3本, ぎんいろの スプーンを 2本 かう ことに きめました。

① さいしょに みせに ある スプーンは ぜんぶで なん本でしょう。(式10点, 答え5点)

しき

こたえ

② てつやさんが かおうと おもって いる スプーンは ぜんぶで なん本でしょう。(式10点, 答え5点)

しき

こたえ

③ てつやさんが かった あと, みせに ある スプーンは なん本に なるでしょう。(式10点, 答え10点)

しき

こたえ

2 あやこさんは いえの ちかくに ある 文ぼうぐやさんに かいものに いきました。いえを 出る ときに おとうさんから 90円 もらったので、それを もって いきました。
　みせでは 60円の けしゴムと、20円の えんぴつを うって います。

1 けしゴム 1こと えんぴつ 1本は あわせて なん円に なるでしょう。(式10点, 答え5点)

しき

こたえ

2 あやこさんが けしゴムを 1こ かうと、もって いる お金の のこりは なん円に なるでしょう。(式10点, 答え5点)

しき

こたえ

3 あやこさんが けしゴムを 1こと えんぴつを 1本 かうと、もって いる お金の のこりは なん円に なるでしょう。(式10点, 答え10点)

しき

こたえ

第13回 こうじょう見学

学習日　月　日　　得点　／100点

1 12人の グループで こうじょう見学に いきました。グループの 中で，2人が 子どもでした。
　こうじょうでは おかしを つくって いて，かえる ときに おみやげとして，おかしが 入った ふくろを もらいました。
　もらった ふくろに 入って いたのは，あめが 4こ，ガムが 3こ，チョコレートが 6こでした。

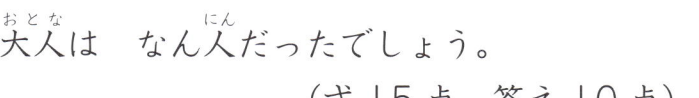

① グループの 中で，大人は なん人だったでしょう。
　　　　　　　　　　　　　　　（式15点，答え10点）

しき

こたえ

② もらった ふくろの 中に 入って いた おかしは ぜんぶで なんこでしょう。（式15点，答え10点）

しき

こたえ

2 あきらさんは ひこうきの てんけんや しゅうりを して いる こうじょうを 見学に いきました。

ひこうきの てんけんに ついての せつめいが かかれて いる かみを 9まい,しゅうりに ついての せつめいが かかれて いる かみを 6まい もらいました。

てんけんや しゅうりを して いる ばしょには,さいしょ ひこうきが 8き とまって いて,あとから 3き やって きて とまりました。

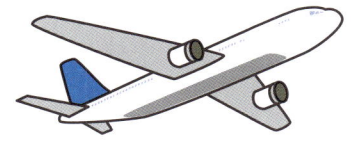

1 あきらさんは せつめいが かかれて いる かみを ぜんぶで なんまい もらったでしょう。(式15点,答え10点)

しき

こたえ

2 てんけんや しゅうりを して いる ばしょに とまって いる ひこうきは なんきに なったでしょう。

(式15点,答え10点)

しき

こたえ

第14回 サッカーを したよ

学習日　月　日　　得点　／100点

1 サッカークラブの 1年生と 2年生が，赤ぐみと 青ぐみに わかれて サッカーを しました。赤ぐみも 青ぐみも 人ずうは おなじで，どちらも 11人です。
　赤ぐみの 1年生は 7人で，青ぐみの 1年生は 5人です。
　おなじ チームで サッカーの しあいを 2かい しました。

① 赤ぐみの 1年生は 青ぐみの 1年生より なん人 おおいでしょう。（式10点，答え5点）

しき

こたえ

② 赤ぐみの 2年生は なん人でしょう。（式10点，答え5点）

しき

こたえ

③ 青ぐみの 2年生は なん人でしょう。（式10点，答え5点）

しき

こたえ

4 赤ぐみの 2年生と 青ぐみの 2年生は あわせて なん人でしょう。(式10点, 答え5点)

しき

こたえ

5 赤ぐみの 2年生と 青ぐみの 2年生は どちらが なん人 おおいでしょう。(式10点, 答え10点)

しき

こたえ

6 赤ぐみは 1かい目の しあいで 3てん とりましたが, 2かい目の しあいでは 0てんでした。2かいの しあいで 赤ぐみが とったのは なんてんだったでしょう。

(式10点, 答え10点)

しき

こたえ

「0」を つかった しきを 立てよう。

第15回 日きを よんで こたえよう

1 かおりさんの 日きを よんで，下の もんだいに こたえましょう。

7月8日 はれ　　　　　　　　　　なかむら かおり

　きょう，おとうさんと おかあさんと いっしょに さかなつりに いきました。
　おとうさんは 7ひき，おかあさんは 5ひき，わたしは 6ぴき つる ことが できました。つれた さかなは あじと いわしで，いわしは 3人 あわせて 3びきでした。

---

❶ おとうさんと おかあさんと かおりさんの 3人が つった さかなは ぜんぶで なんびきでしょう。(式15点，答え10点)

　しき

　こたえ

❷ おとうさんと おかあさんと かおりさんの 3人が つった さかなの うち，あじは なんびきでしょう。

(式15点，答え10点)

　しき

　こたえ

2 しんさんの 日きを よんで,下の もんだいに こたえましょう。

> 8月20日 あめ　　　　　　　　　　　　　うちだ しん
> 　まこさんと まとあてゲームを しました。
> 　ぜんぶで 4かいせんして,ぼくが とった てんすうは
> 1かいせん目が 2てん,2かいせん目が 7てん,3かいせん目が
> 0てん,4かいせん目が 6てんでした。
> 　まこさんは 4かいせんで あわせて 7てんでした。

1　しんさんが 4かいせんで とった てんすうは あわせて なんてんでしょう。(式15点,答え10点)

　　しき

　　こたえ

2　4かいせん あわせた てんすうは しんさんと まこさんでは どちらが なんてん おおいでしょう。(式15点,答え10点)

　　しき

　　こたえ

しっていたら かっこいい！　日にちの かぞえかた

日にちを かぞえる とくべつな よみかたが できると かっこいいよ。

　　　ついたち　ふつか　みっか　よっか　いつか
　　　1日,　2日,　3日,　4日,　5日
　　　むいか　なのか　ようか　ここのか　とおか　はつか
　　　6日,　7日,　8日,　9日,　10日,　20日

ちがう ものの けいさん ①

学習日　月　日　得点　／100点

1 6この ハンバーグが, さらに 1こずつ のって います。
ハンバーグが のって いない さらが 9まい あります。
さらは ぜんぶで なんまい あるでしょう。

① えを 見て, さらの かずを かぞえましょう。(10点)

 まい

② さらの かずを もとめる しきを かんがえましょう。
(式15点, 答え15点)

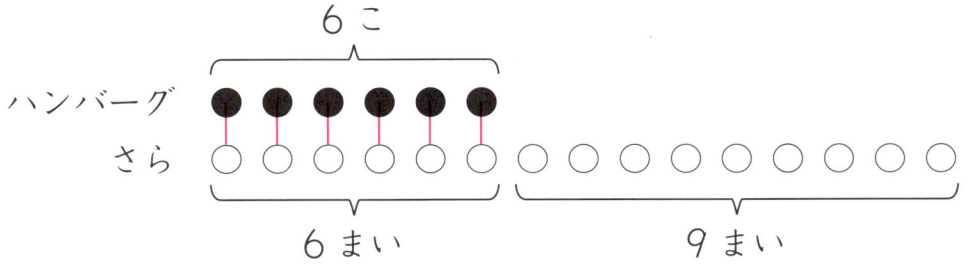

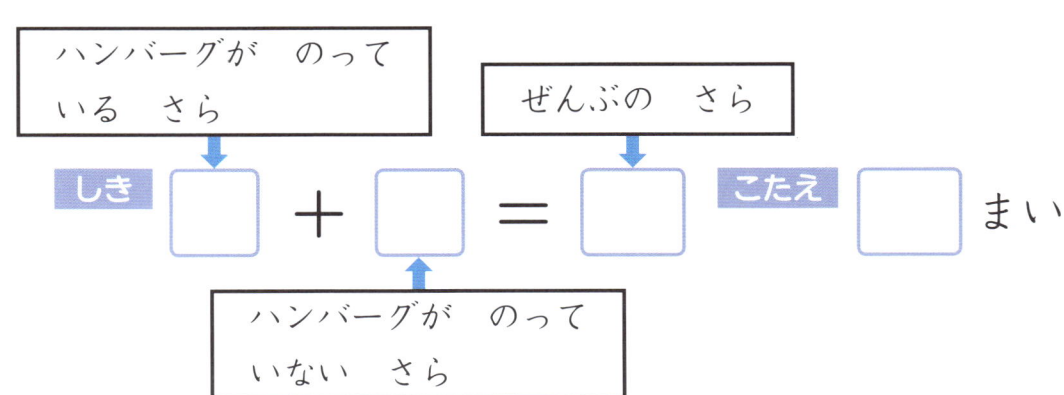

2 いすが 10きゃく あります。4人が 1きゃくずつ すわると なんきゃく あまるでしょう。(式15点, 答え15点)

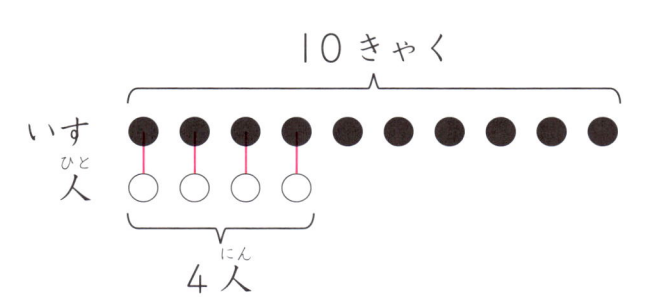

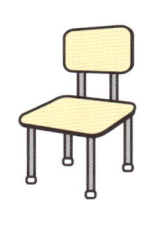

しき

こたえ

3 はこが 12はこ あります。子どもたちに 1人 1はこずつ わたして いくと、はこを もって いない 子どもは 5人です。子どもは ぜんぶで なん人 いるでしょう。(式15点, 答え15点)

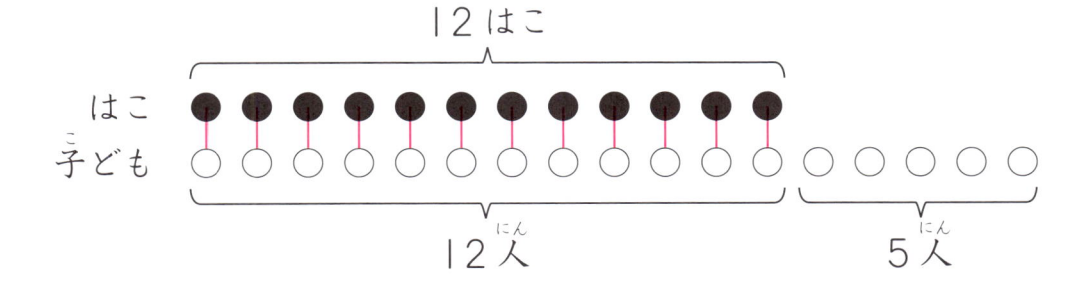

しき

こたえ

第17回 ちがう ものの けいさん ②

学習日　月　日
得点　／100点

1 8りんの 花を 1りんずつ 花びんに いけて いきました。花が いけて いない 花びんが 5本 あります。花びんは ぜんぶで なん本 あるでしょう。

① ずを かいて かんがえましょう。(15点)

② しきを かいて, こたえを もとめましょう。
(式10点, 答え10点)

しき

こたえ

これが できると かっこいい！

　ずを かくと, もんだいの ばめんが わかりやすくなるよ。
　じぶんで ずが かける ように なると かっこいいね！

2 プールに うきわが 14本 あります。3人の 子どもに 1本ずつ わたして いくと,うきわは なん本 あまるでしょう。

① ずを かいて かんがえましょう。(15点)

② しきを かいて,こたえを もとめましょう。
(式10点,答え10点)

しき

こたえ

3 11この コップに 1本ずつ ストローを さして いったら,ストローが 7本 あまりました。ストローは ぜんぶで なん本 あるでしょう。

① ずを かいて かんがえましょう。(10点)

② しきを かいて,こたえを もとめましょう。
(式10点,答え10点)

しき

こたえ

第18回 おおい すくない ①

1 赤い ボールが 3こ あり,青い ボールは 赤い ボールより 5こ おおいそうです。青い ボールは なんこでしょう。

① □に あてはまる かずを かきましょう。(10点)

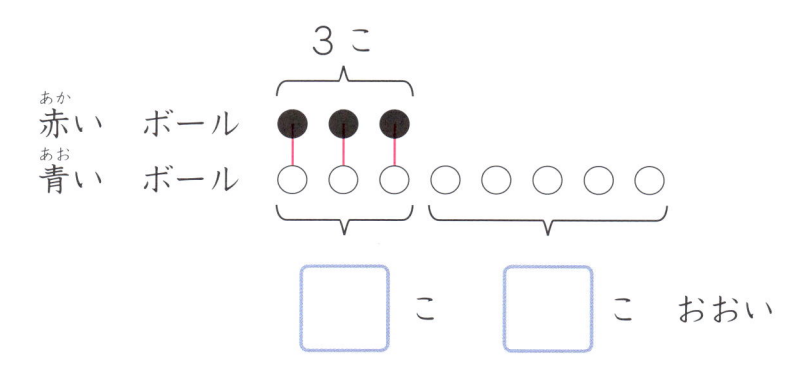

3こ

赤い ボール ●●●
青い ボール ○○○ ○○○○○

□ こ □ こ おおい

② しきを かいて,青い ボールの かずを もとめましょう。
(式10点,答え10点)

しき □ ＋ □ ＝ □　　こたえ □ こ

2 ようこさんは 本を 6さつ もって います。ひとみさんが もって いる 本の かずは ようこさんより 5さつ おおいそうです。ひとみさんが もって いる 本は なんさつでしょう。(式10点,答え10点)

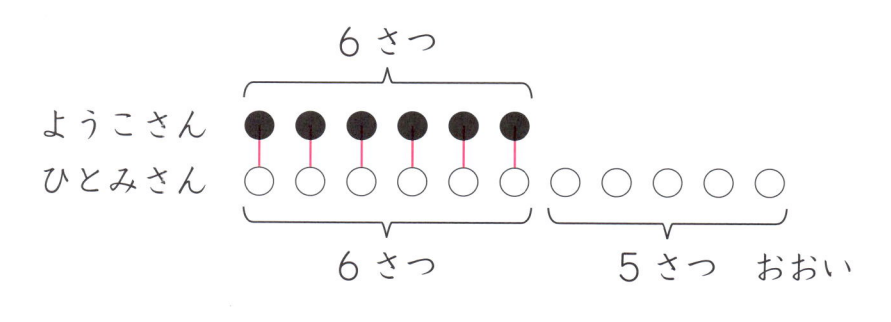

6さつ

ようこさん ●●●●●●
ひとみさん ○○○○○○ ○○○○○

6さつ　　5さつ おおい

しき　　　　　　　　　こたえ

3 ひこうじょうに ヘリコプターが 7き とまって います。ひこうきは ヘリコプターより 8き おおいそうです。ひこうきは なんき とまって いるでしょう。

① ずを かいて かんがえましょう。(10点)

② しきを かいて,ひこうきの かずを もとめましょう。
(式10点,答え10点)

しき

こたえ

4 ゆうこさんは 6さいで,おかあさんは ゆうこさんよりも 30さい 年上です。おかあさんは なんさいでしょう。
(式10点,答え10点)

しき

こたえ

かずが 大きい ときは,こんな ずを かいても いいよ！

第19回 おおい すくない ②

学習日　月　日　得点　／100点

1 青い コップが 8こ あります。きいろい コップは 青い コップより 3こ すくないそうです。きいろい コップは なんこ あるでしょう。

① きいろい コップの かずだけ, ○に いろを ぬりましょう。
（10点）

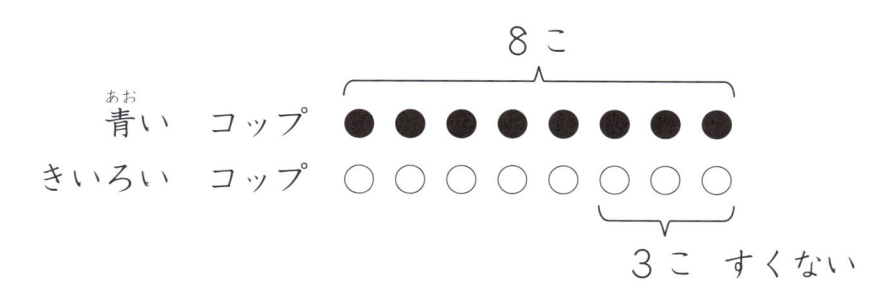

```
              8こ
青い コップ    ●●●●●●●●
きいろい コップ ○○○○○○○○
                      3こ すくない
```

② しきを かいて, きいろい コップの かずを もとめましょう。
（式10点, 答え10点）

しき □ － □ ＝ □　こたえ □ こ

2 みかんが 19こ あります。りんごは みかんより 3こ すくないそうです。りんごは なんこ あるでしょう。
（式10点, 答え10点）

```
                     19こ
みかん ●●●●●●●●●●●●●●●●●●●
りんご ○○○○○○○○○○○○○○○○○○○
                              3こ すくない
```

しき　　　　　　　　　　　　こたえ

3 あさがおと ひまわりの さいて いる 花の かずを しらべたら, あさがおは 15りんでした。ひまわりは あさがおより 6りん すくなかったそうです。ひまわりは なんりん さいて いるでしょう。

1 ずを かいて かんがえましょう。(10点)

2 しきを かいて, ひまわりの かずを もとめましょう。
(式10点, 答え10点)

しき

こたえ

4 やすひろさんと よしみさんが ゲームを したら, やすひろさんの とくてんは 50てんでした。よしみさんは 10てんさで やすひろさんに まけて しまいました。よしみさんは なんてんだったでしょう。(式10点, 答え10点)

しき

こたえ

とくてんが たかい ほうが かちだよ。

第20回 なんばんめ ①

学習日　月　日　　得点　／100点

1　子どもたちが まえから じゅんに 1れつに ならんで います。なおとさんは まえから 4ばん目で,うしろに 8人 います。ならんで いる 子どもたちは ぜんぶで なん人でしょう。

① □に あてはまる かずを かきましょう。(10点)

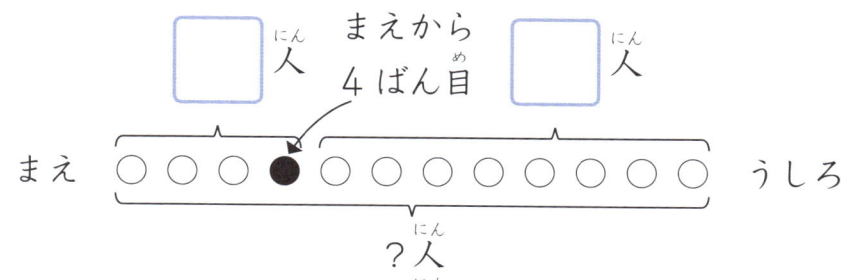

□人　まえから 4ばん目　□人

まえ ○○○●○○○○○○○○ うしろ

？人

② しきを かいて,ぜんぶの 人ずうを もとめましょう。
(式15点,答え15点)

しき　□ ＋ □ ＝ □　　こたえ　□人

2　19まいの トランプを よこ 1れつに ならべました。左から 9ばん目に ハートの 5の カードが あります。ハートの 5の カードの 右がわには なんまいの カードが あるでしょう。(式15点,答え15点)

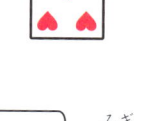

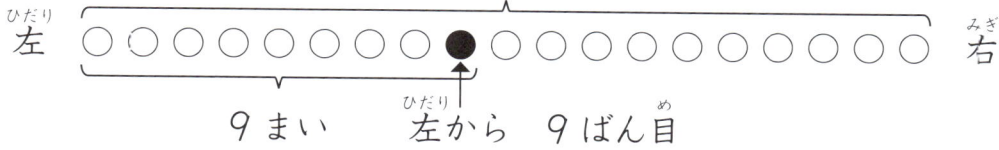

19まい

左 ○○○○○○○○●○○○○○○○○○○ 右

9まい　　左から 9ばん目

しき

こたえ

3 いろがみが なんまいか かさねて おいて あります。上から 11まい目が みどりの いろがみで，その 下には 5まいの いろがみが おいて あります。いろがみは ぜんぶで なんまいでしょう。(式15点，答え15点)

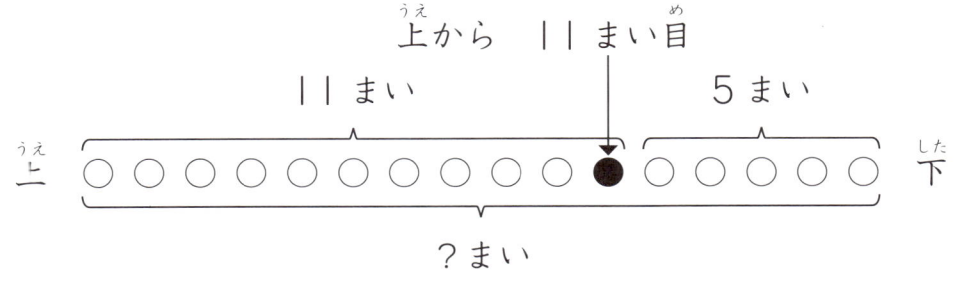

上から 11まい目

11まい　　　　　5まい

上 ○○○○○○○○○○●○○○○○ 下

？まい

しき

こたえ

しって いたら かっこいい！　なんばんめ

じゅんばんを あらわすときに，「○ばん目」を つかうね。

では，10人が ならんで いる ときに，まえから 4ばん目の 人は うしろから なんばん目か わかるかな？
10－4＝6だから 6ばん目……？
ずを かいて みると わかりやすいよ。

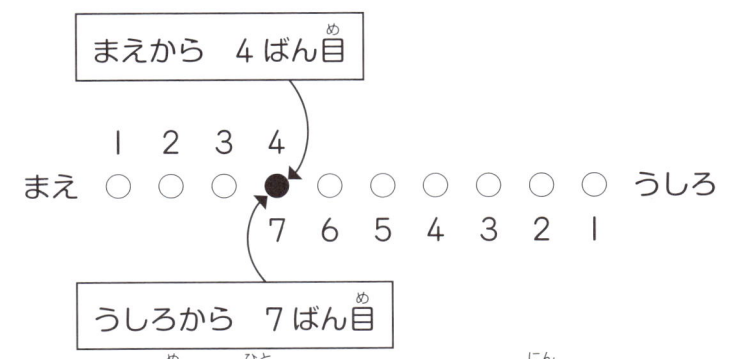

まえから 4ばん目

　　　　1 2 3 4
まえ ○○○●○○○○○○ うしろ
　　　　　　7 6 5 4 3 2 1

うしろから 7ばん目

まえから 4ばん目の 人の うしろには 6人 いるから，6ばん目では なくて，7ばん目なんだね。

第21回 なんばんめ ②

1 なおこさんは じてん車レースで,まえから 10ばん目を はしって いて,うしろにも 8人が はしって います。じてん車レースに 出て いる 人は ぜんぶで なん人でしょう。

① ずを かいて かんがえましょう。(5点)

② しきを かいて ぜんぶの 人ずうを もとめましょう。
(式10点,答え5点)

しき

こたえ

2 13本の たんぽぽが よこ 1れつに ならんで さいて います。いま,左から 4ばん目の たんぽぽに ちょうが とまりました。ちょうが とまった たんぽぽの 右には なん本の たんぽぽが あるでしょう。(式10点,答え10点)

しき

こたえ

3 びじゅつかんの まえで ならんで いる 人が 18人 います。あいさんは まえから 7ばん目で, さやかさんは うしろから 4ばん目です。

① あいさんの うしろには なん人 いるでしょう。
(式10点, 答え10点)

しき

こたえ

② さやかさんの まえには なん人 いるでしょう。
(式10点, 答え10点)

しき

こたえ

③ ならんで いる 人が ふえて 23人に なりました。じゅんさんは うしろから 3ばん目です。じゅんさんの まえには なん人 いるでしょう。(式10点, 答え10点)

しき

こたえ

第22回 いろいろな けいさん ①

1 サッカーボールが 9こ あります。ビーチボールは サッカーボールより 5こ おおいそうです。ビーチボールは なんこ あるでしょう。(式15点, 答え10点)

しき

こたえ

2 本が 本だなに よこ 1れつに ならべて おいて あります。左から 5ばん目に ずかんが あります。ずかんの 右にも 本が 6さつ あります。本だなに ならべて ある 本は ぜんぶで なんさつでしょう。(式15点, 答え10点)

しき

こたえ

3 さつきさんは きのう, さんすうの もんだいを 12だい ときました。きょう, といた さんすうの もんだいは きのうより 9だい すくなかったそうです。きょう, といた さんすうの もんだいは なんだいでしょう。

(式15点, 答え10点)

しき

こたえ

4 いえが 11けん よこ 1れつに ならんで たって います。右から 4けん目に みわさんの いえが たって います。その左には なんけん いえが あるでしょう。(式15点, 答え10点)

しき

こたえ

第23回 いろいろな けいさん ②

学習日　月　日　得点　／100点

1 あおいさんは 本を 12さつ もって います。もって いる 本に 1さつずつ カバーを かけて いったら、カバーが 2まい あまりました。カバーは なんまい あるでしょう。

（式15点，答え10点）

しき

こたえ

2 こうすけさんの 学校では、カニと めだかを かって います。カニは 15ひきで、めだかは カニより 4ひき おおいそうです。めだかは なんびき かって いるでしょう。

（式15点，答え10点）

しき

こたえ

3 赤い ランドセルが 14こ あり，くろい ランドセルは 赤い ランドセルより 7こ すくないそうです。くろい ランドセルは なんこ あるでしょう。(式15点，答え10点)

しき

こたえ

4 くにこさんは でん車に のって います。くにこさんが のって いるのは，まえから 13りょう目で，うしろにも 2りょう あります。くにこさんが のって いる でん車は ぜんぶで なんりょう あるでしょう。(式15点，答え10点)

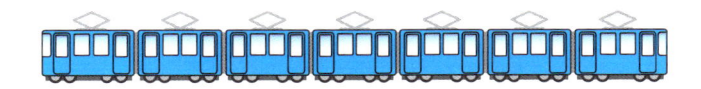

しき

こたえ

第24回 いえは どこかな？

1 うさぎ，ひつじ，きつねが おなじ いえに すんで います。

2かい： あ　い　う　え
1かい： お　か　き　く

うさぎ
わたしの へやの まどの ところには 花びんが あって，花を 1りん いけて あるよ。
わたしの へやは 1かいでは ないよ。

ひつじ
ぼくの へやは うさぎさんの となりだよ。
ぼくの へやの まどの ところには 花びんは おいて いないよ。

きつね
ぼくの へやの ま上には ひつじさんが すんで いるよ。

きつねが すんで いる へやは どこですか。きごうで こたえましょう。(50点)

こたえ

2 けんさんと まさこさんと ゆきさんが いえの ばしょに ついて はなして います。

けん: ぼくの いえは さんかくやねで，大きな 木が うえて あるよ。

まさこ: わたしの いえは けんさんの いえの 右どなりで，さんかくやねだよ。

ゆき: わたしの いえは まさこさんの いえの むかいがわだよ。

ゆきさんの いえには 木が うえて ありますか。正しい こたえの（ ）に ○を かきましょう。(50点)

（ ）うえて ある。　　　（ ）うえて ない。

第25回 さんすう どうぶつえん

学習日　月　日　　得点　／100点

そうたさんと ほのかさんは どうぶつえんに いきました。
つぎの もんだいに こたえましょう。

1 「もうじゅうかん」には ライオン，とら，ひょう，ひぐまが います。
　ライオンが いちばん おおくて，7とう います。
　とらは ライオンよりも 4とう すくないです。
　ひょうと とらの かずは おなじです。
　ひぐまが いちばん すくなくて 1とう です。

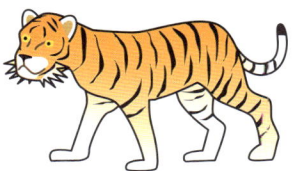

① 「もうじゅうかん」に いる とらの かずは なんとうでしょう。（式15点，答え10点）

しき

こたえ

② 「もうじゅうかん」に いる ひょうと ひぐまの かずは ぜんぶで なんとうでしょう。（式15点，答え10点）

しき

こたえ

2 「さる山」で さるが よこ 1れつに 10ぴき ならんで います。10ぴきの さるの 中には 子どもの さるが 1ぴき います。その 子どもの さるは 左から 7ばん目に ならんで います。そこへ、かかりの 人が 20この えさを もって、さるに えさを あげに やって きました。

1 子どもの さるの 右がわには なんびきの さるが いるでしょう。(式15点, 答え10点)

しき

こたえ

2 かかりの 人が えさを 1ぴきに 1こずつ くばると なんこ あまるでしょう。(式15点, 答え10点)

しき

こたえ

しって いたら かっこいい！　　どうぶつの かぞえかた

とり いがいの どうぶつを かぞえる ときには, ふつう 1ぴき, 2ひき, ……や, 1とう, 2とう, ……と かぞえるよ。
では,「ひき」と 「とう」の ちがいは なんだろう？
どうぶつの 大きさに よって「ひき」や 「とう」を つかいわけるよ。大人が かかえられる 大きさなら 「ひき」, かかえられない 大きさなら 「とう」と かぞえると いわれて いるよ。

第26回 なにを はなして いるのかな

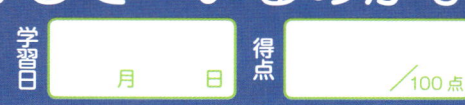

1 おはなしを よんで，あとの もんだいに こたえましょう。

りさ：
わたしは あめを 13こ もって いるよ。
そのうち，10こが いちごあじの あめだよ。

ゆうすけ：
ぼくが もって いる あめの かずは，りささんが もって いる あめの かずより 3こ おおいよ。

のぶゆき：
ぼくが もって いる あめは 11こで，いちごあじの あめの かずは りささんが もって いる いちごあじの あめの かずより 2こ すくないよ。

① ゆうすけさんが もって いる あめの かずは なんこでしょう。(式10点, 答え10点)

しき

こたえ

② のぶゆきさんが もって いる いちごあじの あめの かずは なんこでしょう。(式10点, 答え10点)

しき

こたえ

2 おはなしを よんで，あとの もんだいに こたえましょう。

> おとといは あつまった 14人の 人の うち，5人が
> めがねを かけて いたんだよ。
> きょう，あつまる 人は おとといより 2人 おおいよ。

> きょう あつまる 人の ぶんの いすを よういしないと
> いけないね。いま，きょうしつに ある いすは 8きゃくだよ。

① きょう あつまるのは なん人でしょう。（式10点，答え10点）

しき

こたえ

② おととい あつまった 人の うち，めがねを かけて いない
人は なん人だったでしょう。（式10点，答え10点）

しき

こたえ

③ いすは あと なんきゃく よういすれば よいでしょう。
（式10点，答え10点）

しき

こたえ

第27回 お手つだいを したよ

学習日　月　日　得点　／100点

1 まさとさんと ともこさんが おかあさんから たのまれて くだものを かいに いきました。2人は おかあさんから 100円を もらって かいものに きて います。みせには，1こ 80円の りんごと 1こ 40円の みかんと 1本 30円の バナナが ありました。

① 2人は りんご 1この ねだんと バナナ 1本の ねだんを くらべて います。りんご 1この ねだんは バナナ 1本の ねだんより なん円 たかいでしょう。(式10点, 答え10点)

しき

こたえ

② まさとさんと ともこさんは みかん 1こと バナナ 1本を かう ことに しました。みかん 1こと バナナ 1本の ねだんは あわせて なん円でしょう。(式10点, 答え10点)

しき

こたえ

2 あいこさんは おばあさんの いえの はたけしごとの 手つだいを しました。おばあさんの いえの はたけでは, きゅうり, にんじん, なすを つくって いて, できた やさいを とるのを 手つだう ことに しました。

あいこさんは さいしょ, きゅうりを 12本 とり, きゅうけいを した あと, また 3本 とりました。

あいこさんが さいごに とった やさいの かずを かぞえたら, にんじんは きゅうりより 9本 すくなく, なすは きゅうりより 1本 おおかったそうです。

1 あいこさんが とった きゅうりは ぜんぶで なん本に なったでしょう。(式10点, 答え10点)

しき

こたえ

2 にんじんは なん本 とったでしょう。(式10点, 答え10点)

しき

こたえ

3 なすは なん本 とったでしょう。(式10点, 答え10点)

しき

こたえ

第28回 水ぞくかんに いったよ

1　まことさんは　水ぞくかんの　大きな　水そうの　中に　いる　さかなを　見て　います。
　水そうの　中には，コバンザメが　10ぴき　います。
　ジンベイザメは　コバンザメより　8ひき　すくないそうです。
　水そうの　中には　エイも　いて，エイは　ジンベイザメより　1ぴき　おおいそうです。

1　ジンベイザメは　なんびき　いるでしょう。（式10点，答え5点）

しき

こたえ

2　エイは　なんびき　いるでしょう。（式10点，答え5点）

しき

こたえ

3　エイは　コバンザメより　なんびき　すくないでしょう。
（式10点，答え5点）

しき

こたえ

2 水ぞくかんで ショーを 見る ための せきは ぜんぶで 16れつ あって, みおさんが すわって いる せきの うしろには 9れつ あります。ショーの さいしょに, イルカが 4とう 出て きました。かかりの 人が えさの さかなを もって きて, 1とうに 1ぴきずつ あげたら, 7ひき あまりました。つぎに, アシカが 5とう, オットセイが 3とう 出て きて いっしょに ショーを して いました。

1 みおさんは まえから なんれつ目に すわって いるでしょう。(式10点, 答え5点)

しき

こたえ

2 かかりの 人が もって きた えさの さかなは なんびきだったでしょう。(式10点, 答え10点)

しき

こたえ

3 ショーに 出て きた イルカと アシカと オットセイは あわせて なんとうでしょう。(式10点, 答え10点)

しき

こたえ

第29回 たすのかな ひくのかな ①

学習日　月　日　　得点　／100点

1 赤い ふうせんが 9こ あります。赤い ふうせんは 白い ふうせんより 4こ おおいそうです。白い ふうせんは なんこ あるでしょう。

① □に あてはまる ことばや かずを かきましょう。(20点)

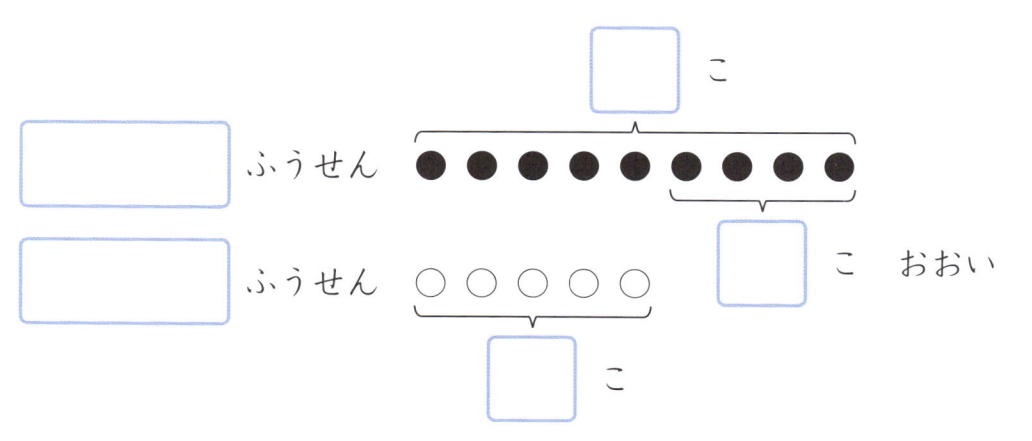

```
         □ こ
□ ふうせん ●●●●●  ●●●●
                    □ こ おおい
□ ふうせん ○○○○
         □ こ
```

これが できると かっこいい！

「赤い ふうせんは 白い ふうせんより 4こ おおい」から,「白い ふうせんは 赤い ふうせんより すくない」ことが わかるね。
　どちらが おおいかを かんがえて ずが かけたら かっこいいよ！

② しきを かいて こたえを もとめましょう。

（式10点, 答え10点）

しき

こたえ

2 メロンと すいかが あります。メロンは すいかより 6玉 すくないそうです。メロンが 8玉 あります。すいかは なん玉 あるでしょう。(式15点, 答え15点)

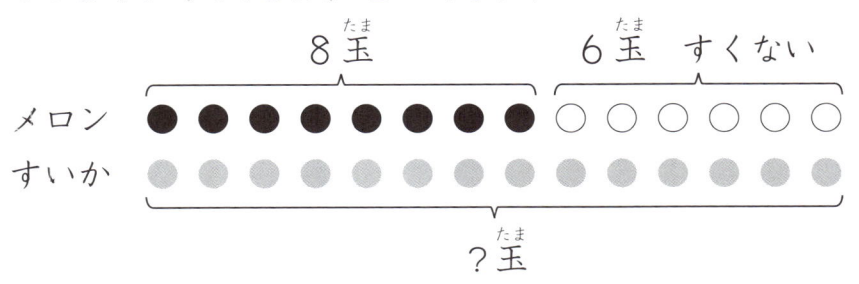

8玉　　　6玉 すくない
メロン
すいか
？玉

しき

こたえ

3 こうたろうさんは 7だんの とびばこを とぶ ことが できます。こうたろうさんは まいこさんより 3だん たかい とびばこを とぶ ことが できます。

まいこさんが とぶ ことが できる とびばこは なんだんでしょう。(式15点, 答え15点)

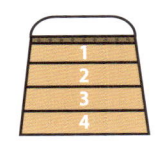

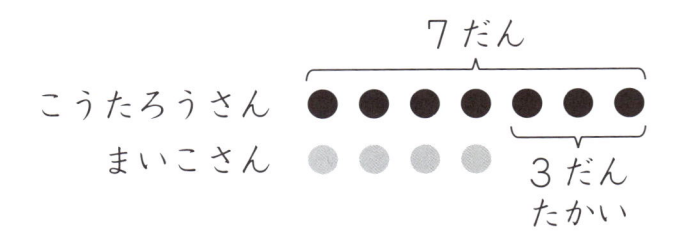

7だん
こうたろうさん
まいこさん　3だん たかい

しき

こたえ

第30回 たすのかな ひくのかな ②

学習日　月　日　　得点　／100点

1 こうじさんは ノートを なんさつか もって います。8さつ もらったので，ぜんぶで 14さつに なりました。はじめに もって いた ノートは なんさつでしょう。（式15点，答え15点）

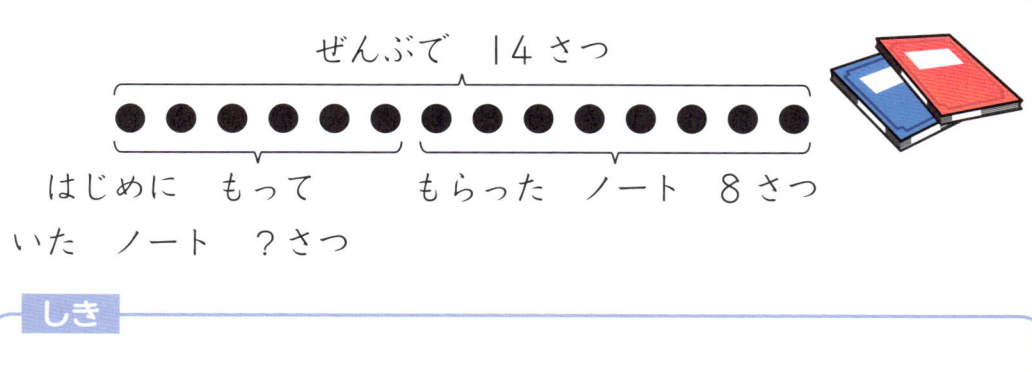

ぜんぶで 14さつ

はじめに もって いた ノート ？さつ
もらった ノート 8さつ

しき

こたえ

2 ドーナツが なんこか あります。9こ たべたので，のこりが 4こに なりました。はじめに あった ドーナツは なんこでしょう。（式15点，答え15点）

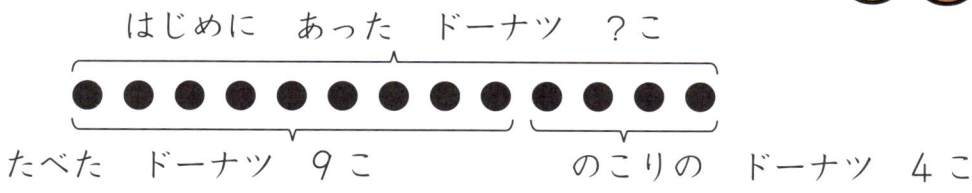

はじめに あった ドーナツ ？こ

たべた ドーナツ 9こ　　のこりの ドーナツ 4こ

しき

こたえ

3 学校には 白い うさぎと ちゃいろい うさぎが います。
白い うさぎは 6わで, 白い うさぎは ちゃいろい うさぎより 7わ すくないそうです。
ちゃいろい うさぎは なんわ いるでしょう。

1 ずを かいて かんがえましょう。(10点)

2 しきを かいて, ちゃいろい うさぎの かずを もとめましょう。(式15点, 答え15点)

しき

こたえ

しっていたら かっこいい！ ── うさぎの かぞえかた

　うさぎは 1ぴき, 2ひき, …… とも かぞえるけれど,
1わ, 2わ, …… とも かぞえるよ。
　ふつう, とりを かぞえる ときに「わ」を つかうよ。
　では, なぜ うさぎは 1わ, 2わ, …… とも かぞえるんだろう？
　それは, うさぎの とぶ うごきや ながい 耳が はねのようで
とりに にて いるからだと いわれて いるよ。
　いろいろな どうぶつの かぞえかたを しらべて みても
たのしいね。

第31回 なんばんめの とっくん ①

学習日　月　日　　得点　／100点

1 おはじきが よこ 1れつに ならんで います。

左　🌼🌼🌺🌼🌼🌼🌼🌼　右
　　　　　赤

赤い おはじきは 左から 3ばん目に あります。

① 赤い おはじきは 右から なんばん目に あるでしょう。

（10点）

□ ばん目

② おはじきの かずを もとめる しきを かんがえましょう。

（式15点, 答え15点）

　　　　　左に ある かず
　　　（赤い おはじきも 入れた かず）

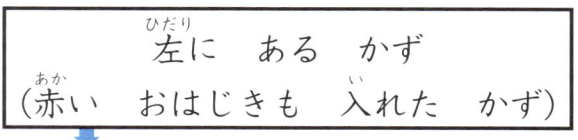

しき　□ ＋ □ － 1 ＝ □　　こたえ　□ こ

　　　　　右に ある かず
　　　（赤い おはじきも 入れた かず）

これが できると かっこいい！

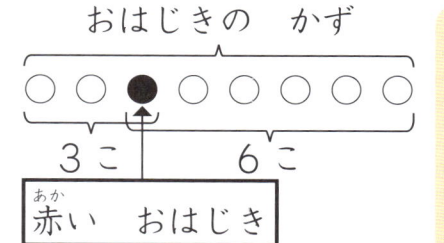

おはじきの かず
○○●○○○○○
　3こ　　6こ
　↑
赤い おはじき

赤い おはじきを 2かい かぞえて いるから, 1を ひくんだね。
左のような ずを かいて かんがえる ことが できたら, かっこいいよ。

2 ちゅう車じょうに 入る ために，車が １れつに ならんで います。ちひろさんの 車は まえから ６ばん目で，うしろから ９ばん目です。車は なんだい ならんで いるでしょう。

(式15点，答え15点)

まえ ○○○○○● ○○○○○○○○ うしろ

車の かず

６だい　９だい

ちひろさんの 車

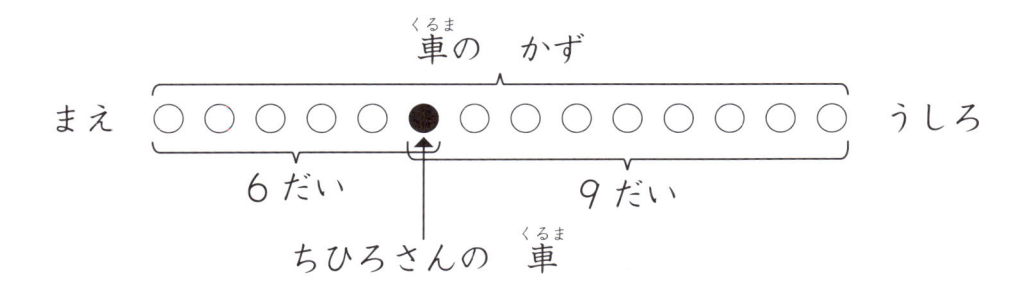

しき

こたえ

3 はくぶつかんでは 大きい きょうりゅうの かせきを よこ １れつに ならべて てんじして います。ティラノサウルスの かせきは 左から ８ばん目，右から ５ばん目に あります。
　はくぶつかんに てんじされて いる 大きい きょうりゅうの かせきは なんたい あるでしょう。(式15点，答え15点)

しき

こたえ

第32回 なんばんめの とっくん ②

1 ねこが 1れつに ならんで います。

まえ 🐱🐱🐱🐱🐱 🐈‍⬛ 🐱🐱🐱 うしろ

くろい ねこの まえには 5ひき，うしろには 3びき います。

① □に あてはまる かずを かきましょう。(10点)

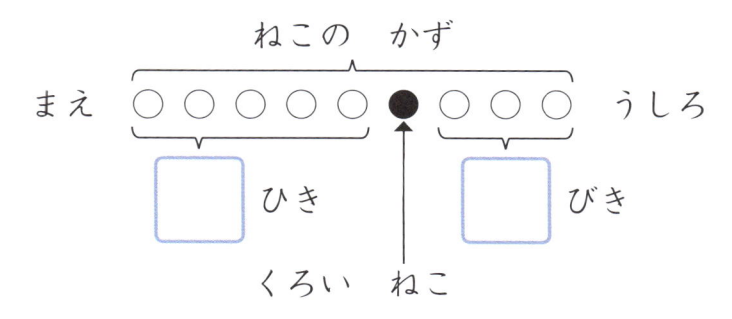

　　　　　ねこの かず
まえ ○○○○○ ● ○○○ うしろ
　　　□ ひき　　　□ びき
　　　　　　　↑
　　　　　くろい ねこ

② ねこの かずを もとめる しきを かんがえましょう。
(式 15点，答え 15点)

まえに いる かず		くろいねこ			

しき　□ ＋ □ ＋ 1 ＝ □　　こたえ　□ ひき

　　　　　↑
　　うしろに いる かず

これが できると かっこいい！

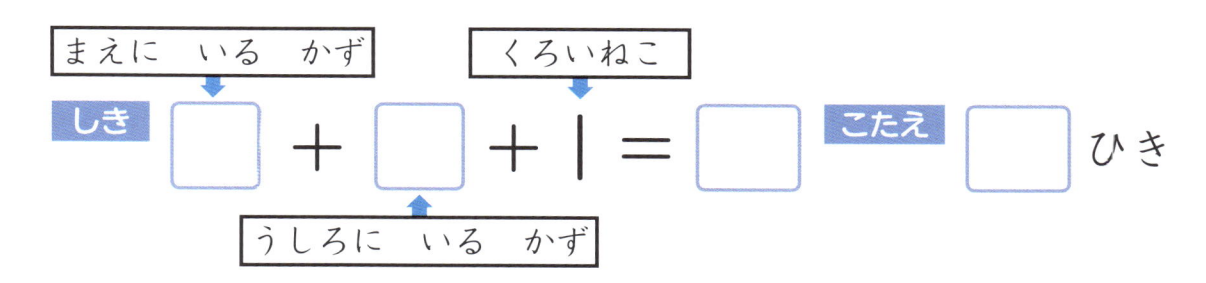

くろい ねこの かずを ふくめて かんがえないと いけないんだね。
「5ひき」や「3びき」が なんの かずかを しっかり りかいできると かっこいいよ！

2 ぼくじょうで ひつじが 1れつに ならんで います。赤い くびわを して いる ひつじの まえには 8ひきの ひつじが いて、うしろには 6ぴきの ひつじが います。ひつじは ぜんぶで なんびき いるでしょう。

(式15点, 答え15点)

ひつじの かず

まえ ○○○○○○○○ ● ○○○○○○ うしろ
　　　　　8ひき　　　　　6ぴき
　　　　　↑
　　赤い くびわを して いる ひつじ

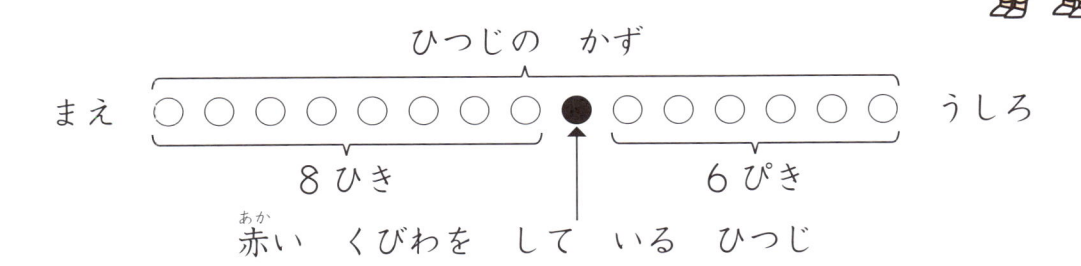

しき

こたえ

3 つりぼりで 人が よこ 1れつに ならんで さかなつりを して います。ゆうとさんの 左には 4人、右には 8人 います。さかなつりを して いる 人は なん人でしょう。

(式15点, 答え15点)

しき

こたえ

第33回 たからさがしを しよう

学習日　月　日　得点　／100点

1 「スタート」の はたが たって いる しまから しゅっぱつして たからの しまを さがします。下の ちずを 見て，□に あてはまる きごうを かきましょう。（1つ25点）

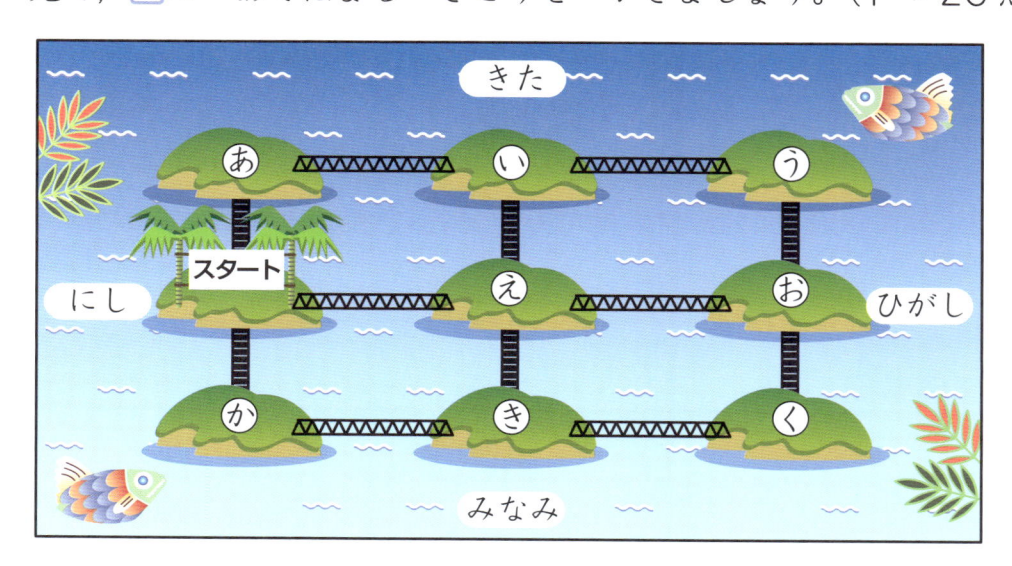

ちずの 見かた
　きたに すすんで はしを 1つ わたって，そのあと ひがしに すすんで はしを 2つ わたると，⑤の しまに つきます。

① ひがしに すすんで はしを 2つ わたって，そのあと みなみに すすんで はしを 1つ わたると，□の しまに つきます。

② みなみに すすんで はしを 1つ わたって，そのあと ひがしに すすんで はしを 1つ わたり，さらに きたに すすんで はしを 2つ わたると，□の しまに つきます。

2 「スタート」と かいて ある もんから しゅっぱつして たからものを さがします。下の ちずを 見て、□に あてはまる きごうを かきましょう。(1つ 25点)

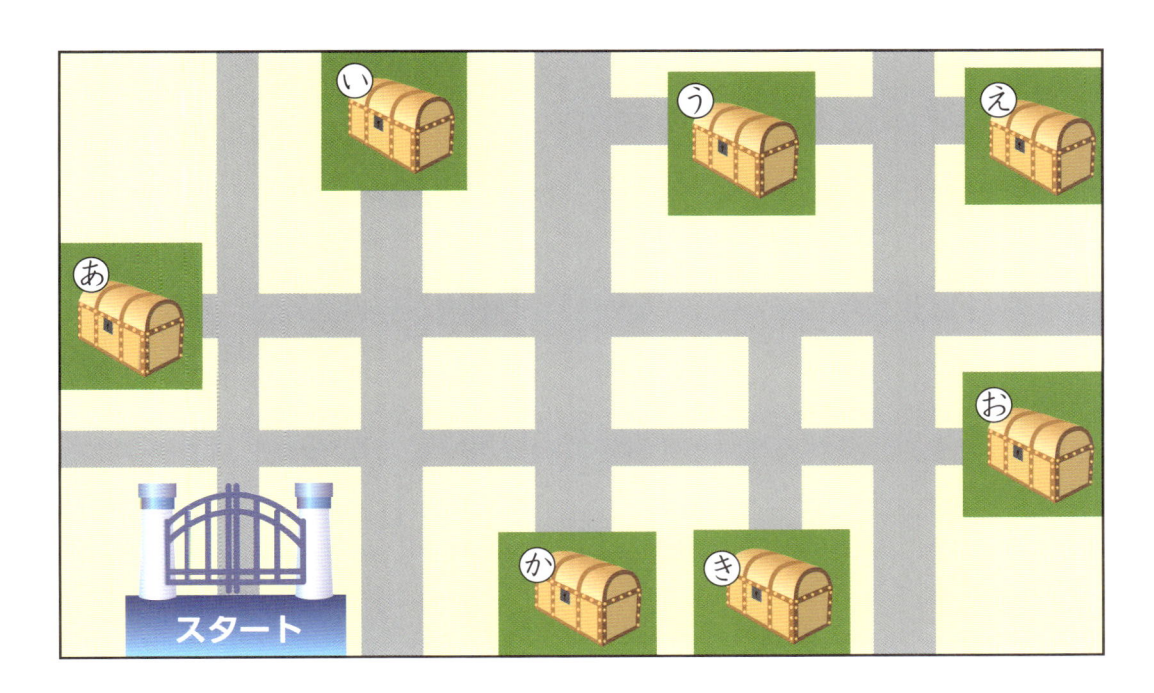

> **ちずの 見かた**
> スタートして 1つ目の こうさてんで 右に まがって，そこから 2つ目の こうさてんでも 右に まがると，かの たからばこに つきます。

1 スタートして 2つ目の こうさてんで 右に まがって，そこから 1つ目の こうさてんで 左に まがると ☐ に つきます。

2 スタートして 1つ目の こうさてんで 右に まがって，そこから 4つ目の こうさてんで 左に まがり，さらに，そこから 2つ目の こうさてんで 右に まがると ☐ に つきます。

第34回 いろいろな けいさん ③

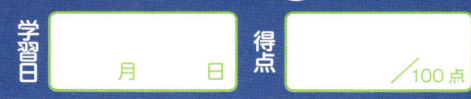

1 バスていに 人が ならんで います。ゆみこさんは まえから 7ばん目で，うしろから 5ばん目です。バスていに ならんで いる 人は なん人でしょう。(式15点，答え10点)

しき

こたえ

2 としふみさんの 水とうには コップ 9はいぶんの 水が 入ります。としふみさんの 水とうは かよさんの 水とうより コップ 3ばいぶん おおく 水が 入るそうです。
かよさんの 水とうには コップ なんばいぶんの 水が 入るでしょう。(式15点，答え10点)

しき

こたえ

3 れいぞうこの 中に プリンが なんこか あります。6こ たべたので, のこりが 8こに なりました。はじめに あった プリンは なんこでしょう。(式15点, 答え10点)

しき

こたえ

4 こくばんに えが なんまいか かざられて います。えは よこ 1れつに かざられて いて みさとさんの えの 左には 3まいの えが あり, 右には 6まいの えが あります。えは ぜんぶで なんまい かざられて いるでしょう。

(式15点, 答え10点)

しき

こたえ

第35回 いろいろな けいさん ④

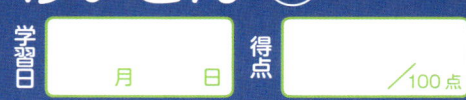

1
めすの にわとりと おすの にわとりが います。めすの にわとりは 9わです。めすの にわとりは おすの にわとりより 8わ すくないそうです。おすの にわとりは なんわでしょう。

(式15点, 答え15点)

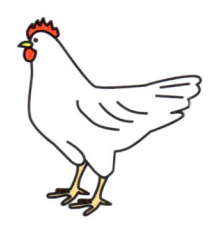

しき

こたえ

2
はこの 中に けしゴムが なんこか あります。7こ 入れたので, ぜんぶで 16こに なりました。はじめに はこの 中に 入って いた けしゴムは なんこでしょう。

(式20点, 答え15点)

しき

こたえ

3 まきさんは えいがかんで えいがを みて います。まきさんが すわって いる せきは まえから 4ばん目で, うしろから 7ばん目です。えいがかんに ある せきは なんれつでしょう。

(式20点, 答え15点)

しき

こたえ

しって いたら かっこいい！ —「0」と いう かず

　25ページで,「2が いちばん さいしょに かんがえられた かず」と しょうかいしたけれど,「0」が はっけんされるまでには とても ながい じかんが かかったんだよ。

　なにも ないことを あらわす ひつようが なかったんだね。
　たとえば,「りんごが 2こ ある」とは いうけれど,「りんごが 0こ ある」とは ふだん いわないよね。

　でも,「0」が はっけんされたから,「10」と いう かずも あらわせるんだよ。
　「0」が とても たいせつな かずだって ことが わかったかな？

第36回 パーティーの じゅんび

学習日　月　日　　得点　／100点

1 おはなしを よんで，あとの もんだいに こたえましょう。

　さとみさんは 12人を パーティーに しょうたいすることに したので，その じゅんびを して います。

　パーティーには，サンドイッチと スープと デザートを 出す ことに しました。

　サンドイッチに つかう トマトを 3こ，デザートに つかう キウイを 2こ，いちごを 10こ かいました。

　パーティーに しょうたいして いる 人の うち，子どもは 5人です。

　さとみさんは おりがみを 45まい もって いたので，パーティーに しょうたいして いる 子どもには，おりがみで つくった 花を 1こずつ プレゼントする ことに しました。
　おりがみ 1まいで 花を 1こ つくることが できるので，しょうたいして いる 子どもと おなじ かずだけ おりがみを つかいました。

1　さとみさんが　かった　キウイと　いちごは　あわせて　なんこでしょう。(式15点, 答え15点)

しき

こたえ

これが　できると　かっこいい！

ながい　おはなしだけれど，ひつような　かずを　さがし出せたら　かっこいいね！
ここでは，おはなしの　中の　「キウイを　2こ，いちごを　10こ　かいました」を　つかえば　いいんだね。

2　パーティーに　しょうたいして　いる　人の　うち，大人は　なん人でしょう。(式20点, 答え15点)

しき

こたえ

3　さとみさんが　もって　いる　おりがみは，のこり　なんまいに　なったでしょう。(式20点, 答え15点)

しき

こたえ

第37回 やきゅうの しあいを したよ

1 おはなしを よんで, あとの もんだいに こたえましょう。

　かずひろさんは やきゅうの しあいを する ために やきゅうじょうに やって きました。

　かずひろさんは チームの 中で, 4ばん目に やきゅうじょうに つきました。かずひろさんの あとには 9人 きたので, ぜんいん そろいました。
　かずひろさんの チームの 1年生は 8人です。

　かずひろさんの チームの あい手は, ひできさんの チームです。どちらも 1年生と 2年生が あつまって できた チームです。
　ひできさんの チームは 12人で, 1年生は 7人です。

　かずひろさんの チームは グローブを 9こ, ひできさんの チームも グローブを 9こ よういしました。

　しあいの けっかは, かずひろさんの チームが 5てん, ひできさんの チームが 3てんでした。

① かずひろさんの チームは ぜんぶで なん人でしょう。
　　　　　　　　　　　　　　　（式 15点, 答え 10点）

しき

こたえ

❷ かずひろさんの チームの 2年生は なん人でしょう。

(式15点, 答え10点)

しき

こたえ

❸ かずひろさんの チームと あい手の チームが よういした グローブは あわせて なんこでしょう。

(式15点, 答え10点)

しき

こたえ

❹ しあいの けっか, かずひろさんの チームと ひできさんの チームは どちらが なんてんさで かったでしょう。

(式15点, 答え10点)

しき

こたえ

第38回 音がくかいに いったよ

学習日　月　日　得点　／100点

1 おはなしを よんで,あとの もんだいに こたえましょう。

たくみさんは 音がくかいに いきました。

音がくかいに きて いた 女の人は 130人で,男の人は 70人でした。男の人の うち,大人は 40人でした。

その 音がくかいでは,バイオリンを ひいて いる 人が いちばん おおくて,チェロを ひいて いる 人より,14人 おおかったそうです。

チェロを ひいて いる 人が 4人で,ビオラを ひいて いる 人は 6人でした。

また,フルートを ふいて いる 人は 2人で,クラリネットを ふいて いる 人も おなじ かずでした。フルートや クラリネットは 木かんがっきです。

トランペットや トロンボーンなどの 金かんがっきを ふいて いる 人は,バイオリンを ひいて いる 人より 9人 すくなかったそうです。

① 音がくかいに きて いた 男の人の うち,子どもは なん人だったでしょう。(式15点,答え10点)

しき

こたえ

2 バイオリンを ひいて いる 人は なん人でしょう。
(式15点, 答え10点)

しき

こたえ

3 チェロを ひいて いる 人と ビオラを ひいて いる 人と フルートを ふいて いる 人は あわせて なん人でしょう。(式15点, 答え10点)

しき

こたえ

4 金かんがっきを ふいて いる 人は なん人でしょう。
(式15点, 答え10点)

しき

こたえ

第39回 キャンプを したよ

学習日　月　日
得点　／100点

1 おはなしを よんで,あとの もんだいに こたえましょう。

　やすかさんは キャンプを する ために,キャンプじょうに いきました。

　ちゅう車じょうには よこ 1れつに 車が とまって いました。
　やすかさんの 車は 左から 9だい目で,右から 5だい目に とまって います。

　みんなで テントを 2はり はりました。

　テントを はり おわった あと,夕ごはんの じゅんびを はじめました。

　まずは,やさいが たくさん 入った カレーを つくる ために,にんじんを 3本,たまねぎを 6こ,じゃがいもを 7こ,アスパラガスを 5本,なすを 4本 よういしました。

　つぎに,バーベキューを する ために,ソーセージに くしを さして いきました。くしは 14本 もって きて いたので,ソーセージに 1本ずつ くしを さして いったら,くしが 9本 あまりました。

1 ちゅう車じょうに とまって いる 車は ぜんぶで なんだいでしょう。(式15点, 答え15点)

しき

こたえ

2 カレーを つくる ために よういした にんじん, アスパラガス, なすは あわせて なん本でしょう。
(式20点, 答え15点)

しき

こたえ

3 ソーセージは なん本 あったでしょう。
(式20点, 答え15点)

しき

こたえ

第40回 ゆうえんちに いったよ

1 おはなしを よんで, あとの もんだいに こたえましょう。

きょういちろうさんは ゆうえんちに あそびに いきました。

まず, ゴーカートに のる ことに しました。
ゆうえんちに ある ゴーカートは 赤い ゴーカートが 15だい あって, 青い ゴーカートは 赤い ゴーカートより 8だい すくなかったです。
つぎに, ジェットコースターに のりました。
きょういちろうさんが すわった ところの まえには 9れつ あり, うしろにも 5れつ ありました。

ゆうえんちで ともだちの としおさんに あいました。
きょういちろうさんは 7さいで, ともだちの としおさんより 2さい 年上です。

きょういちろうさんは ぜんぶで 8この のりものに のれたので, ゆうえんちに ある のりものの 中で, のれなかった のりものは 20こでした。

① 青い ゴーカートは なんだい あるでしょう。

（式15点, 答え10点）

しき

こたえ

2 ジェットコースターの　せきは　なんれつ　あるでしょう。
(式15点, 答え10点)

しき

こたえ

3 としおさんは　なんさいでしょう。(式15点, 答え10点)

しき

こたえ

4 ゆうえんちに　ある　のりものは　ぜんぶで　なんこでしょう。
(式15点, 答え10点)

しき

こたえ

Ｚ会グレードアップ問題集
小学1年　算数　文章題

初版	第1刷発行	2013年2月1日
初版	第25刷発行	2025年2月10日

編者　　Ｚ会指導部
発行人　藤井孝昭
発行所　Ｚ会
　　　　〒411-0033　静岡県三島市文教町1-9-11
　　　　【販売部門：書籍の乱丁・落丁・返品・交換・注文】
　　　　TEL　055-976-9095
　　　　【書籍の内容に関するお問い合わせ】
　　　　https://www.zkai.co.jp/books/contact/
　　　　【ホームページ】
　　　　https://www.zkai.co.jp/books/
装丁　　Concent, Inc.
　　　　（山本泰子，中村友紀子）
表紙撮影　髙田健一（studio a-ha）
印刷所　シナノ書籍印刷株式会社

©Ｚ会　2013　無断で複写・複製することを禁じます
定価はカバーに表示してあります
乱丁・落丁本はお取り替えいたします
ISBN　978-4-86290-108-8

Z会 グレードアップ問題集

小学1年 算数 文章題

解答・解説

かっこいい小学生になろう

解答・解説の使い方

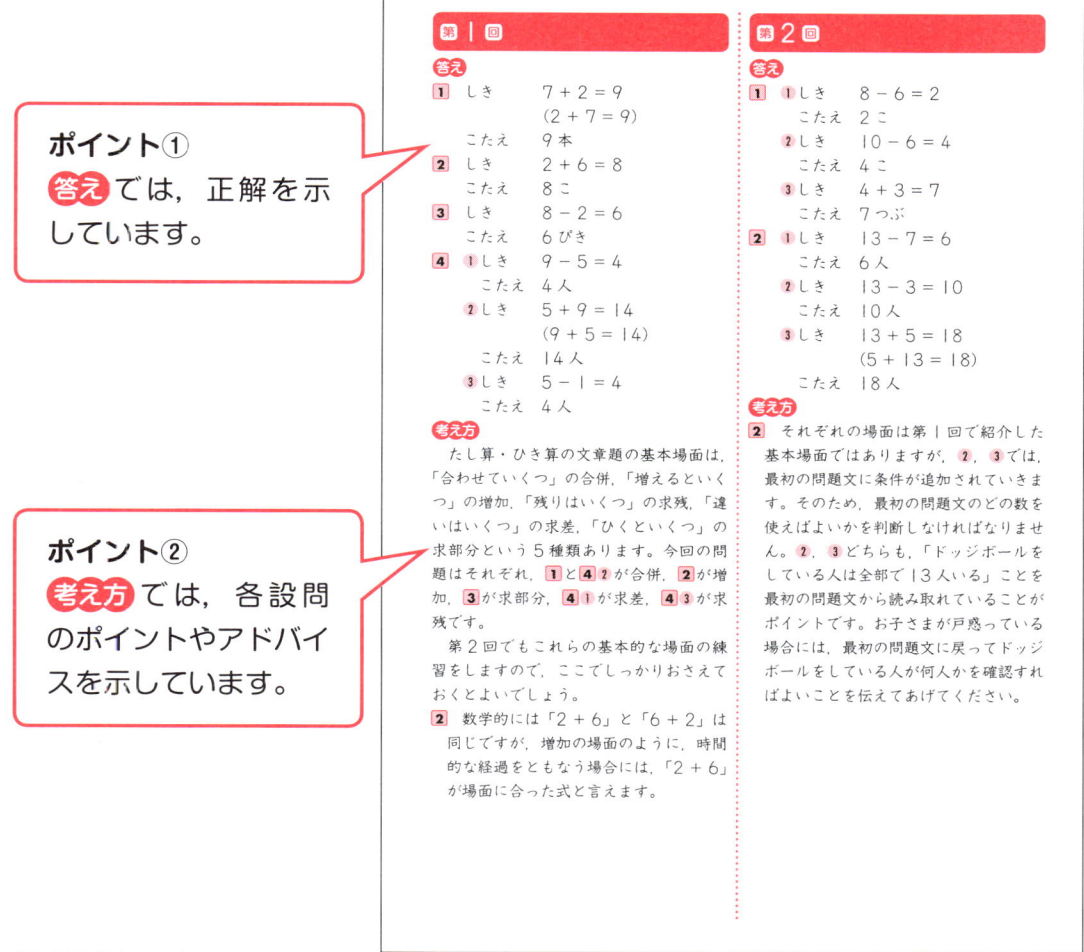

ポイント①
答えでは，正解を示しています。

ポイント②
考え方では，各設問のポイントやアドバイスを示しています。

保護者の方へ

この冊子では，問題の答えや，各単元の学習ポイント，お子さまをほめたりはげましたりする声かけのアドバイスなどを掲載しています。問題に取り組む際や丸をつける際にお読みいただき，お子さまの取り組みをあたたかくサポートしてあげてください。

本書では，教科書よりも難しい問題を出題しています。お子さまが解けた場合は，いつも以上にほめてあげて，お子さまのやる気をさらにひきだしてあげることが大切です。

第1回

答え

1. しき　　7 + 2 = 9
　　　　　（2 + 7 = 9）
　こたえ　9本

2. しき　　2 + 6 = 8
　こたえ　8こ

3. しき　　8 − 2 = 6
　こたえ　6ぴき

4. ① しき　　9 − 5 = 4
　　こたえ　4人
　② しき　　5 + 9 = 14
　　　　　　（9 + 5 = 14）
　　こたえ　14人
　③ しき　　5 − 1 = 4
　　こたえ　4人

考え方

　たし算・ひき算の文章題の基本場面は，「合わせていくつ」の合併，「増えるといくつ」の増加，「残りはいくつ」の求残，「違いはいくつ」の求差，「ひくといくつ」の求部分という5種類あります。今回の問題はそれぞれ，1と4②が合併，2が増加，3が求部分，4①が求差，4③が求残です。
　第2回でもこれらの基本的な場面の練習をしますので，ここでしっかりおさえておくとよいでしょう。

2　数学的には「2 + 6」と「6 + 2」は同じですが，増加の場面のように，時間的な経過をともなう場合には，「2 + 6」が場面に合った式と言えます。

第2回

答え

1. ① しき　　8 − 6 = 2
　　こたえ　2こ
　② しき　　10 − 6 = 4
　　こたえ　4こ
　③ しき　　4 + 3 = 7
　　こたえ　7つぶ

2. ① しき　　13 − 7 = 6
　　こたえ　6人
　② しき　　13 − 3 = 10
　　こたえ　10人
　③ しき　　13 + 5 = 18
　　　　　　（5 + 13 = 18）
　　こたえ　18人

考え方

2　それぞれの場面は第1回で紹介した基本場面ではありますが，②，③では，最初の問題文に条件が追加されていきます。そのため，最初の問題文のどの数を使えばよいかを判断しなければなりません。②，③どちらも，「ドッジボールをしている人は全部で13人いる」ことを最初の問題文から読み取れていることがポイントです。お子さまが戸惑っている場合には，最初の問題文に戻ってドッジボールをしている人が何人かを確認すればよいことを伝えてあげてください。

第3回

答え

1. しき　2 + 4 + 3 = 9
   こたえ　9だい
2. しき　8 − 2 − 4 = 2
   こたえ　2本
3. しき　7 + 2 + 4 = 13
   こたえ　13玉
4. しき　5 + 4 − 2 = 7
   こたえ　7本
5. しき　7 − 6 + 3 = 4
   こたえ　4人

考え方

　今回は、3つの数の計算が必要な文章題を出題しました。たし算なのかひき算なのかを判断するのが難しい問題です。

4　花屋さんには黄色いチューリップが5本、ピンクのチューリップが4本あるので、全部のチューリップの数を求める式は「5 + 4」です。そのうちの2本を買ったときの残りの数を求める式は「5 + 4 − 2」です。このように、問題文を読みながら順を追って考えていくとよいでしょう。

　おはじきなどを動かしながら場面の確認をすることも有効な手段です。

第4回

答え

1. しき　8 − 4 + 2 + 1 = 7
   こたえ　7人
2. しき　5 + 2 − 3 + 4 = 8
   こたえ　8こ
3. しき　9 − 1 − 3 − 4 = 1
   こたえ　1さつ
4. しき　6 + 3 + 7 + 2 = 18
   こたえ　18こ
5. しき　4 + 8 + 5 − 3 = 14
   こたえ　14わ

考え方

　第3回よりも難易度を上げて、4つの数の計算が必要な文章題を出題しています。

1　おはじきを使って以下のように考えるとよいでしょう。

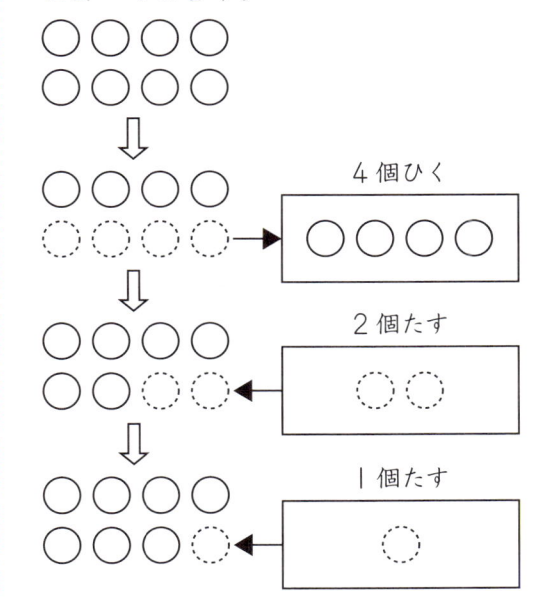

第5回

答え

1 ① しき　12＋7＝19
　　　　　（7＋12＝19）
　　　こたえ　19ひき
　② しき　12－7＝5
　　　こたえ　赤い金ぎょが5ひきおおい。
　③ しき　12－3＝9
　　　こたえ　9ひき

2 ① しき　3＋15＝18
　　　　　（15＋3＝18）
　　　こたえ　18こ
　② しき　15－3＝12
　　　こたえ　うでどけいが12こおおい。

考え方

　今回は，1つの場面から2～3つの式を立てる問題を出題しています。

　1，**2**ともに，①は合併の問題，②は求差の問題です。

　どちらも②は「どちらが」と「どれだけ多い」の両方を答える問題です。両方きちんと答えられていた場合にはほめてあげてください。また，どちらか一方しか答えていない場合には，「『どちらが』と『どれだけ多い』の両方を答えよう。」と声をかけてあげてください。

　1③「赤い金魚を3匹取り出しました」という条件が追加されています。問題文の「赤い金ぎょが12ひき」に注目すればよいことを教えてあげるとよいでしょう。

第6回

答え

1 しき　16－4＝12
　　こたえ　12こ

2 しき　15＋2＝17
　　　　（2＋15＝17）
　　こたえ　17わ

3 しき　10＋3＝13
　　こたえ　13本

考え方

　第6回，第7回では，余計な数が入った過条件の問題を取り上げています。過条件の問題を出題しているねらいは，答えを求めるために必要な数を見極める力を養うためです。

　過条件の問題は問題文に出てくる数をたすかひくかすればよいというものではありませんので，問題の条件をしっかり理解できているかを確認することができます。

1 ここで求めるのは「ドーナツはなんこ」なので，問題文の「ケーキが5こ」が余計な条件です。

　問題で示しているように，求めるものである「ドーナツはなんこ」を囲み，それを求めるのに必要な「ドーナツが16こ」と「ドーナツを4こたべました」に下線を引くなどの印をつけると，条件を整理しやすくなるでしょう。

第7回

答え

1. しき　14 + 3 = 17
   (3 + 14 = 17)
   こたえ　17まい
2. しき　17 − 6 = 11
   こたえ　11こ
3. しき　8 + 7 = 15
   こたえ　15まい
4. しき　19 − 7 = 12
   こたえ　12本
5. しき　11 − 2 = 9
   こたえ　9はいぶん

考え方

第6回同様に過条件の問題ですが，ヒントがない分難しく感じられると思います。第6回 1 で示したように，求めるものと，それを求めるのに必要な条件に印をつけるなどの工夫ができるとよいでしょう。

過条件の問題はこのあと出題する長文の文章題に取り組む準備となります。まずは余計な数が1つ入っている問題で練習しておきましょう。

1. 求めるものは切手と葉書を合わせた枚数で，必要な条件は，切手が14枚，葉書が3枚あることです。

3. まりさんが持っているクッキーの枚数を求めるので，お母さんからもらったあめの数は使いません。

第8回

答え

1.
   1. しき　9 − 7 = 2
      こたえ　2わ
   2. しき　7 + 6 = 13
      こたえ　13わ
   3. しき　13 − 9 = 4
      こたえ　あひるが4わおおい。
2.
   1. しき　9 + 7 = 16
      (7 + 9 = 16)
      こたえ　16人
   2. しき　16 − 2 = 14
      こたえ　14人
   3. しき　2 + 16 = 18
      (16 + 2 = 18)
      こたえ　18人

考え方

1. 1，2 はそれぞれの問題だけで考えると，過条件の問題になっています。第6回，第7回で学習したことを活かして解いていきましょう。

3 の上記 **答え** は，2 の答えを使って，「13 − 9 = 4」という式を立てていますが，2 の答えを使わずに，「7 + 6 − 9 = 4」という式を立てていても，もちろん正解です。

2. 3 は，1 3 と同様に，「2 + 9 − 7 = 18」という式でも正解です。

第9回

答え

1. ① しき　6 + 2 = 8
　　　　（2 + 6 = 8）
　　こたえ　8はこ
   ② しき　6 − 2 = 4
　　こたえ　ショートケーキが入っているはこが4はこおおい。
   ③ しき　17 − 8 = 9
　　こたえ　9はこ
2. ① しき　17 − 3 = 14
　　こたえ　14人
   ② しき　11 − 6 = 5
　　こたえ　5人
   ③ しき　14 + 5 = 19
　　　　（5 + 14 = 19）
　　こたえ　19人

考え方

1 ①　ケーキが入っている箱はショートケーキが入っている6箱と，チョコレートケーキが入っている2箱なので，6 + 2 = 8より8箱です。
　③　箱は全部で17箱あり，ケーキが入っている箱は①より8箱なので，17 − 8 = 9より9箱です。

2 ③　「17 − 3 + 11 − 6 = 19」や「17 + 11 − 3 − 6 = 19」などとすることもできますが，①，②の答えを使って解くほうが計算は楽になります。

第10回

答え

1. ① しき　9 − 8 = 1
　　こたえ　1人
   ② しき　7 − 1 = 6
　　こたえ　6人
   ③ しき　1 + 6 = 7
　　　　（6 + 1 = 7）
　　こたえ　7人
2. ① しき　5 + 8 = 13
　　　　（8 + 5 = 13）
　　こたえ　13こ
   ② しき　13 − 6 = 7
　　こたえ　りえさんのもっているおはじきが7こおおい。

考え方

1 ③　上記 **答え** では，帽子をかぶっていない1年生の数を求めるために，帽子をかぶっていない男の子の数（①の答え），帽子をかぶっていない女の子の数（②の答え）を使っています。
　　別解として，帽子をかぶっていない1年生の数は，以下のように求めることもできます。
　　帽子をかぶっている人の数は，1 + 8 = 9より9人。公園にいる1年生は16人なので，帽子をかぶっていない1年生は，16 − 9 = 7より7人。

第11回

答え

1. ① (○) もって いる。
   　 (　) もって いない。
   ② (　) かけて いる。
   　 (○) かけて いない。

2. イーマルがえらんだのは左から3ばん目のカードです。

考え方

論理問題を取り上げています。推理クイズとして，楽しみながら取り組めるとよいでしょう。

1. ① 「花束を持っている人が4人」とありますが，絵を見ると花束を持っている人は3人しかいません。そのため，?の人は花束を持っていることがわかります。

   ② 「花束を持っていて，眼鏡をかけている人は1人」で，中央に花束を持っていて，眼鏡をかけている人がすでに1人いるので，?の人は眼鏡をかけていないとわかります。

2. イーマルが選んだカードは「○」か「×」か「◎」か「△」のいずれかが書かれたカードです。
   また，「1つ左に『×』が書かれたカードがある」のは，左から3番目の「◎」か，左から6番目の「□」です。
   このことから，イーマルが選んだカードは左から3番目の「◎」のカードだとわかります。

第12回

答え

1. ① しき　6 + 12 = 18
   　　　(12 + 6 = 18)
   　こたえ　18本
   ② しき　3 + 2 = 5
   　　　(2 + 3 = 5)
   　こたえ　5本
   ③ しき　18 − 5 = 13
   　こたえ　13本

2. ① しき　60 + 20 = 80
   　　　(20 + 60 = 80)
   　こたえ　80円
   ② しき　90 − 60 = 30
   　こたえ　30円
   ③ しき　90 − 80 = 10
   　こたえ　10円

考え方

今回は「買い物」をテーマにした文章題を出題しています。身近な場面を取り上げることで，算数を生活の中で活かしてもらうこともねらいの1つです。

1. ③ 金色のスプーンの残り（6 − 3 = 3）と銀色のスプーンの残り（12 − 2 = 10）を合わせて，3 + 10 = 13より，13本と求めることもできます。

2. 少し長めの問題文ですので，条件を整理するために，①〜③の問題文の「けしゴム」のところに「60円」，「えんぴつ」のところに「20円」などとメモを書いてから式を立てるとよいでしょう。
   また，計算をする際には，「60 + 20は，10のまとまりが6個と2個で，合わせて8個。だから，10が8個で80。」のように考えます。

第13回

答え

1. ① しき　12 − 2 = 10
　　こたえ　10人
　② しき　4 + 3 + 6 = 13
　　こたえ　13こ

2. ① しき　9 + 6 = 15
　　　　　（6 + 9 = 15）
　　こたえ　15まい
　② しき　8 + 3 = 11
　　こたえ　11き

考え方

第12回に引き続き，少し長めの文章題を出題しています。長い問題文から条件を読み取るのは難しいとは思いますが，お話の場面を想像して，楽しみながら取り組めるとよいでしょう。

1. ①「12人のグループでこうじょう見学にいきました」と「グループの中で，2人が子どもでした」から大人の人数を求めます。

　② 「こうじょうではおかしをつくっていて」以降の文章からお菓子の個数の合計を求めます。

　「4 + 3 + 6」の計算は，「4 + 6 + 3」と計算の順番を変えると簡単になります。ただし，「たし算の順序を変えても答えが同じ」ということを学習するのは小学2年生です。お子さまに余力があれば，実際に計算して答えが同じになることを確認したうえで，計算の工夫の仕方を教えてあげてもよいでしょう。

第14回

答え

1. ① しき　7 − 5 = 2
　　こたえ　2人
　② しき　11 − 7 = 4
　　こたえ　4人
　③ しき　11 − 5 = 6
　　こたえ　6人
　④ しき　4 + 6 = 10
　　　　　（6 + 4 = 10）
　　こたえ　10人
　⑤ しき　6 − 4 = 2
　　こたえ　青ぐみの2年生が2人おおい。
　⑥ しき　3 + 0 = 3
　　こたえ　3てん

考え方

赤組と青組の人数がそれぞれ11人，赤組の1年生が7人，青組の1年生が5人という条件をもとに①〜⑤の問題に取り組みます。数をたしたりひいたりすることで，いろいろな数を求められるおもしろさを実感できるとよいでしょう。

1. ⑥ 0を含む問題です。1回目の試合が3点で，2回目の試合が0点なので，「3 + 0」という式になります。0は，たしてもひいても元の数と変わらないため，あえて式を書く必要を感じないかもしれません。しかし，式には場面を表現するという意味もあります。単に「3点」と答えるだけでは，1回目の試合で3点とって，2回目の試合で0点だったという情報を伝えることができません。0を含む式を書くことに疑問を感じているお子さまには上記のように説明してあげるとよいでしょう。

第15回

答え

1. ① しき　7 + 5 + 6 = 18
　　こたえ　18 ひき
　② しき　18 − 3 = 15
　　こたえ　15 ひき
2. ① しき　2 + 7 + 0 + 6 = 15
　　こたえ　15 てん
　② しき　15 − 7 = 8
　　こたえ　しんさんが 8 てんおおい。

考え方

　日記として書かれた文章を読んで，問題に答えていきます。

　1，2のどちらも②は①で求めた答えを使って答えを求めます。①で計算ミスをしてしまい，②もまちがえてしまった場合には，「おしい！考え方は合っているよ。次は丁寧に計算しよう。」と声をかけてあげるとよいでしょう。お子さま自身が「くやしい！」と思っているときにアドバイスしてあげるのが効果的です。

　「しっていたらかっこいい！」では，日にちの読み方を紹介しています。通常，「8日」は「はちにち」ではなく，「ようか」と読みます。すでに読み方を知っているお子さまもいらっしゃると思いますが，この機会に確認しておくとよいでしょう。

第16回

答え

1. ① 15
　② しき　6 + 9 = 15
　　こたえ　15 まい
2. しき　10 − 4 = 6
　こたえ　6 きゃく
3. しき　12 + 5 = 17
　　　　（5 + 12 = 17）
　こたえ　17 人

考え方

　第16回と第17回は，「異種量」の文章題に取り組みます。「異種量」の文章題とは，ハンバーグと皿のように異なる種類の数量に関する問題のことです。

　この問題では，一方の数量に置きかえて同種の数量にそろえることにより，たし算やひき算を使って解決します。種類を気にせずに解答しているケースも多いので，「6は何の数？」「9は何の数？」のように問いかけて理解を確かめてあげるとよいでしょう。

1. 「ハンバーグの数である6個」を，「ハンバーグがのっている皿の数である6枚」に置きかえて考えます。
2. 「人の数である4人」を「人が座っている椅子の数である4脚」に置きかえます。あまる椅子の数を求めるので，答えは「6人」ではなく「6きゃく」であることに注意しましょう。
3. 「箱の数である12箱」を「箱を持っている人の数である12人」に置きかえます。

第17回

答え

1 ① (例)

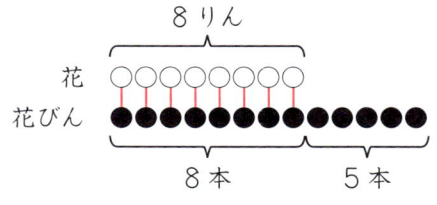

```
           8りん
       ┌─────────┐
花     ○○○○○○○○
花びん ●●●●●●●●●●●●●
       └────────┘└────┘
          8本      5本
```

② しき　8 + 5 = 13
　　　（5 + 8 = 13）
こたえ　13本

2 ① (例)

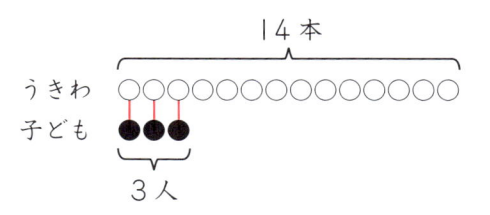

```
           14本
       ┌──────────────┐
うきわ ○○○○○○○○○○○○○○
子ども ●●●
       └──┘
        3人
```

② しき　14 - 3 = 11
こたえ　11本

3 ① (例) 11こ

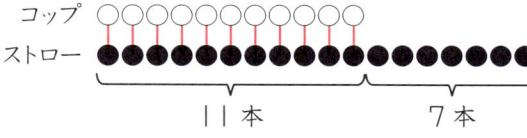

```
           11こ
       ┌──────────┐
コップ   ○○○○○○○○○○○
ストロー ●●●●●●●●●●●●●●●●●●
       └──────────┘└──────┘
           11本        7本
```

② しき　11 + 7 = 18
　　　（7 + 11 = 18）
こたえ　18本

考え方

今回は自分で図をかく問題を出題しています。案外，図をかくのは難しいことなので，第16回の図を見本にするとよいでしょう。

図は，考えるための手助けをするためのものですので，上記 **答え** の通りでなくても，自分がわかりやすい方法でかけていればもちろん問題ありません。

第18回

答え

1 ① 3，5
② しき　3 + 5 = 8（5 + 3 = 8）
こたえ　8こ

2 しき　6 + 5 = 11（5 + 6 = 11）
こたえ　11さつ

3 ① (例)

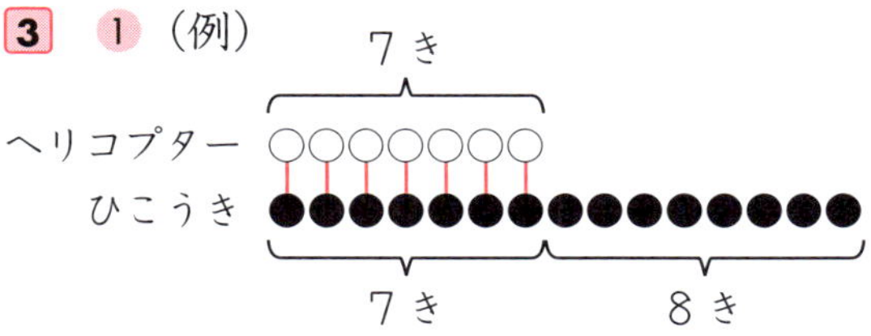

```
                7き
           ┌───────┐
ヘリコプター ○○○○○○○
ひこうき    ●●●●●●●●●●●●●●●
           └──────┘└──────┘
              7き      8き
```

② しき　7 + 8 = 15
　　　（8 + 7 = 15）
こたえ　15き

4 しき　6 + 30 = 36
　　　（30 + 6 = 36）
こたえ　36さい

考え方

今回は，小さい（少ない）ほうの数量から大きい（多い）ほうの数量を求める「求大」の問題を取り上げています。

第19回で取り上げる「求小」でもそうですが，与えられている条件が「あるものとあるものの数」ではなく，「あるものの数」と「ほかのあるものとの差」であるという点がこれまでに扱ってきた文章題とは異なります。苦手と感じるお子さまも多いところですので，図を見たり，自分で図をかいたりして理解を深めていきましょう。

4 数が大きいため，○を使った図をかくのは大変だと思います。イラストの吹き出しにもあるような図（テープ図）を使ってかくこともできます。テープ図を学習するのは小学2年生ですが，便利ですので，使えるようになるとよいでしょう。

第19回

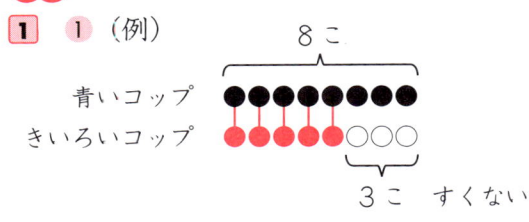

答え

1 ① (例)

青いコップ ●●●●●●●● ┐ 8こ
きいろいコップ ●●●●●○○○
　　　　　　　　　　　　3こ すくない

② しき　8 − 3 = 5
　こたえ　5こ

2 しき　19 − 3 = 16
　こたえ　16こ

3 ① (例)

　　　　　　15りん
あさがお　●●●●●●●●●●●●●●●
ひまわり　●●●●●●●●●○○○○○○
　　　　　　　　　　　6りん すくない

② しき　15 − 6 = 9
　こたえ　9りん

4 しき　50 − 10 = 40
　こたえ　40てん

考え方

第18回で取り上げた「求大」とは反対に，大きい（多い）ほうの数量と差から小さい（少ない）ほうの数量を求める問題を「求小」といいます。

4 図をかく際には，第18回の**4**と同じように，テープ図を使ってかくとよいでしょう。

また，やすひろさんの得点もよしみさんの得点も10の倍数なので，1つの○を10点とみなし，以下のような図をかくこともできます。

　　　　　　50てん
やすひろさん　●●●●●
よしみさん　●●●●○
　　　　　　　10てん すくない

第20回

答え

1 ① 4, 8
② しき　4 + 8 = 12
　　　　（8 + 4 = 12）
　こたえ　12人

2 しき　19 − 9 = 10
　こたえ　10まい

3 しき　11 + 5 = 16
　　　　（5 + 11 = 16）
　こたえ　16まい

考え方

位置や順序を表す「順序数」を個数（量）を表す「集合数」に置きかえて考える問題を学習します。第16回〜第19回までと同様に，図をかいて考えることが，問題の場面を理解する手助けとなります。

1 「前から4番目」は4番目にいる1人だけを指すのに対し，「前から4人」は1番目から3番目までも含めた合計4人を指すという違いがあります。図を見ながらその違いを確認しておくとよいでしょう。

2 **1**とは違い，全体の数と左からの順番がわかっていて，その右側の数を求めるタイプの問題です。これから求めることは何かを確認しながら進めていきましょう。

第21回

答え

1 ① (例)

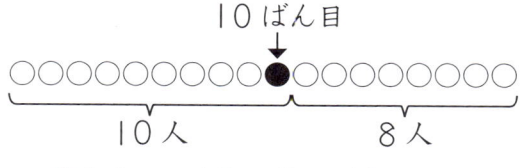

10ばん目
○○○○○○○○○●○○○○○○○○
└─── 10人 ───┘└── 8人 ──┘

② しき　10 + 8 = 18
　　　　(8 + 10 = 18)
　こたえ　18人

2 しき　13 − 4 = 9
　こたえ　9本

3 ① しき　18 − 7 = 11
　　こたえ　11人
　② しき　18 − 4 = 14
　　こたえ　14人
　③ しき　23 − 3 = 20
　　こたえ　20人

考え方

　第20回とは違い，図がかかれていませんので，自分で図をかくところからスタートしなければなりません。

1 ①で，図をかく設問を用意しました。このような設問がなくても，必要に応じて，図をかく習慣をつけていくと，ミスを防ぐことができるでしょう。

3 ①，②は，以下のような図をかいて考えることができます。

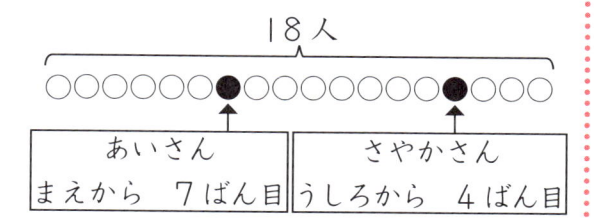

18人
○○○○○○●○○○○○○○●○○○
│あいさん　　　│さやかさん　　│
│まえから7ばん目│うしろから4ばん目│

第22回

答え

1 しき　9 + 5 = 14
　　　　(5 + 9 = 14)
　こたえ　14こ

2 しき　5 + 6 = 11
　　　　(6 + 5 = 11)
　こたえ　11さつ

3 しき　12 − 9 = 3
　こたえ　3だい

4 しき　11 − 4 = 7
　こたえ　7けん

考え方

　第22回と第23回は，復習としてこれまで扱ってきたいろいろな文章題を取り上げています。

1 は「求大」，**2** と **4** は「順序数」，**3** は「求小」の問題です。

　回ごとに1つのテーマの文章題に取り組むのではなく，いろいろな文章題が混ざっているので，難しく感じられるかもしれません。しかし，きちんと理解できているかどうかを確認することができます。

　理解できていない場合には，**1** は第18回，**2** と **4** は第20回，**3** は第19回に戻って，考え方を復習しておきましょう。

第23回

答え

1　しき　　12 + 2 = 14
　　　　　(2 + 12 = 14)
　こたえ　14まい

2　しき　　15 + 4 = 19
　　　　　(4 + 15 = 19)
　こたえ　19ひき

3　しき　　14 − 7 = 7
　こたえ　7こ

4　しき　　13 + 2 = 15
　　　　　(2 + 13 = 15)
　こたえ　15りょう

考え方

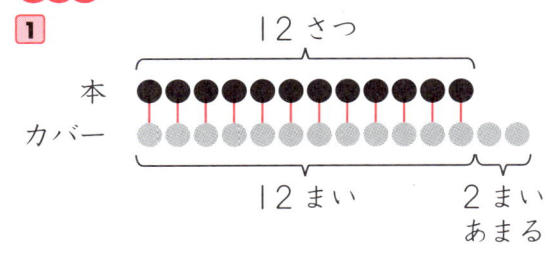

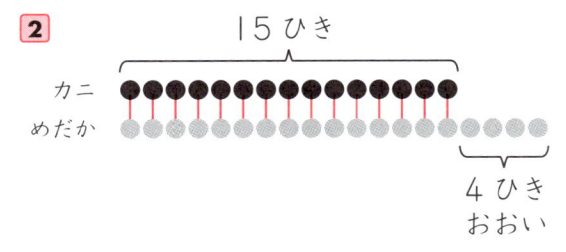

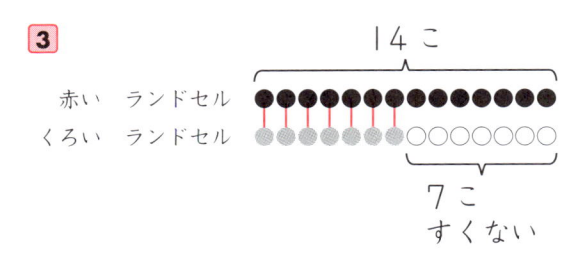

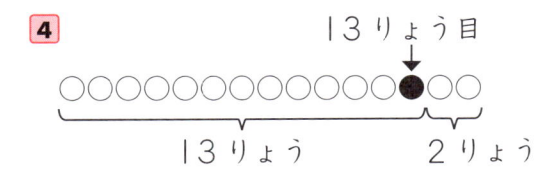

1
```
              12さつ
本      ●●●●●●●●●●●●
カバー  ●●●●●●●●●●●● ●●
        └─ 12まい ─┘ └2まい
                     あまる
```

2
```
          15ひき
カニ    ●●●●●●●●●●●●●●●
めだか  ●●●●●●●●●●●●●●● ●●●●
                         └4ひき
                          おおい
```

3
```
                    14こ
赤い ランドセル  ●●●●●●●●●●●●●●
くろい ランドセル ●●●●●●● ○○○○○○○
                        └ 7こ ─┘
                         すくない
```

4
```
                13りょう目
                    ↓
○○○○○○○○○○○○●○○
└── 13りょう ──┘└2りょう┘
```

第24回

答え

1　㋗

2　(○) うえて ある。
　 (　) うえて ない。

考え方

1　うさぎ，ひつじ，きつねの話を順に読んで，それぞれの部屋がどこにあるかを考えていきます。その際，わかったことをメモしていくとよいでしょう。
　うさぎの部屋は窓のところに花瓶があって，花を1輪いけてあるので，㋒か㋗の部屋です。ただし，「1階ではない」ので，㋒だとわかります。
　ひつじの部屋はうさぎの部屋の隣りなので，㋑か㋓のどちらかですが，花瓶を置いていないことから㋓だとわかります。
　きつねの部屋の真上がひつじの部屋なので，ひつじの部屋が真上にある㋗がきつねの部屋です。

2　まずはけんさんの家がどこなのかを考えます。三角屋根で大きな木が植えてある家は3つあります。そこで，まさこさんの話を読むと，けんさんの家の右隣りが三角屋根の家だとわかります。そのため，左から3番目で上から2番目の家（犬がいる家）がけんさんの家です。
　まさこさんの家はけんさんの家の右隣りなので右下の家だとわかり，ゆきさんの家はその向かい側なので，右上の家です。だから，ゆきさんの家には木が植えてあることがわかります。

第25回

答え

1. ① しき　7－4＝3
　　こたえ　3とう
　② しき　3＋1＝4
　　　　　（1＋3＝4）
　　こたえ　4とう
2. ① しき　10－7＝3
　　こたえ　3びき
　② しき　20－10＝10
　　こたえ　10こ

考え方

1. ①「ライオンは7頭」で，「とらはライオンより4頭少ない」ので，以下のような図をかいて考えます。

　　　　　　7とう
　ライオン　●●●●●●●
　とら　　　●●●○○○○
　　　　　　　　4とう
　　　　　　　　すくない

　② ひょうととらの数は同じで，とらは①より3頭なので，ひょうの数も3頭です。

「しっていたらかっこいい！」では，動物の数え方として，「匹」と「頭」の違いを紹介しました。また，第30回では，うさぎの数え方を紹介しています。

動物にかぎらず，物の数え方にはいろいろな種類があります。調べてみるとおもしろいでしょう。

第26回

答え

1. ① しき　13＋3＝16
　　　　　（3＋13＝16）
　　こたえ　16こ
　② しき　10－2＝8
　　こたえ　8こ
2. ① しき　14＋2＝16
　　　　　（2＋14＝16）
　　こたえ　16人
　② しき　14－5＝9
　　こたえ　9人
　③ しき　16－8＝8
　　こたえ　8きゃく

考え方

今回は，会話文の中から条件を探して答える問題を出題しています。

1. ① りささんが持っているあめの数は13個で，ゆうすけさんが持っているあめの数はりささんより3個多いので，ゆうすけさんが持っているあめの数は13＋3＝16（個）です。

　② 過条件の問題で，のぶゆきさんの「ぼくがもっているあめは11こ」が過条件です。また，りささんが持っているあめ全部の数といちご味のあめの数を混同しないように注意が必要です。

2. ③ 今日集まる人は①より16人なので，椅子は16脚必要です。教室にある椅子が8脚なので，16－8＝8よりあと8脚用意すればよいことがわかります。

第27回

答え

1
- ① しき　80 − 30 = 50
　　こたえ　50円
- ② しき　40 + 30 = 70
　　　　　（30 + 40 = 70）
　　こたえ　70円

2
- ① しき　12 + 3 = 15
　　こたえ　15本
- ② しき　15 − 9 = 6
　　こたえ　6本
- ③ しき　15 + 1 = 16
　　　　　（1 + 15 = 16）
　　こたえ　16本

考え方

1　2人がもらったお金の100円は過条件なので，①，②ともに使いませんが，お子さまに余力がある場合には，以下のような問題に取り組むのもよいでしょう。

【おまけの問題】
「りんごとみかん」，「みかんとバナナ」「りんごとバナナ」の組み合わせのうち，2人がお母さんからもらったお金で買えるのはどれでしょう。

【答えと考え方】
(答え)「みかんとバナナ」
(考え方)
　りんごとみかんを合わせた値段は，
80 + 40 = 120（円）
　みかんとバナナを合わせた値段は，
1②より，70円
　りんごとバナナを合わせた値段は，
80 + 30 = 110（円）
　合わせた値段が100円よりも安いのは「みかんとバナナ」の組み合わせだけです。

第28回

答え

1
- ① しき　10 − 8 = 2
　　こたえ　2ひき
- ② しき　2 + 1 = 3
　　　　　（1 + 2 = 3）
　　こたえ　3びき
- ③ しき　10 − 3 = 7
　　こたえ　7ひき

2
- ① しき　16 − 9 = 7
　　こたえ　7れつ目
- ② しき　4 + 7 = 11
　　　　　（7 + 4 = 11）
　　こたえ　11ぴき
- ③ しき　4 + 5 + 3 = 12
　　こたえ　12とう

考え方

2① みおさんが座っている席の後ろは9列あるので，みおさんが座っているのは，後ろから9列目ではないというのがポイントです。

　どのような計算をしているのかを考えながら取り組む必要があります。以下のような図をかいて考えるとよいでしょう。

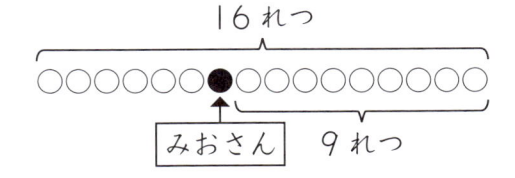

第29回

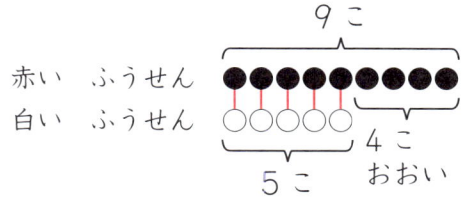

答え

1. ①

   9こ
   ```
   赤い ふうせん  ●●●●●●●●●
   白い ふうせん  ○○○○○   4こ
                5こ        おおい
   ```

   ② しき　9 − 4 = 5
   　　こたえ　5こ

2. しき　8 + 6 = 14
   　　　(6 + 8 = 14)
   　こたえ　14玉

3. しき　7 − 3 = 4
   　こたえ　4だん

考え方

第29回と第30回は，たすのかひくのかの判断が難しい問題を取り上げました。

1. 「4こおおい」などがあるため，「求大」の問題のように思えますが，どちらが「4こおおい」のかをしっかりと確認する必要があります。

   イラストの吹き出しにもあるように，「赤い風船は白い風船より4個多い」ので，赤い風船のほうが多いことがわかります。

   多いのは赤い風船で，数を求めたいのは白い風船なので，赤い風船の数から，「4こ」をひけば白い風船の数を求めることができるわけです。

   2，3 も同様ですが，図を見ながらどちらが多いのかを把握し，たすのかひくのかを正しく判断することが大切です。

第30回

答え

1. しき　14 − 8 = 6
   　こたえ　6さつ

2. しき　9 + 4 = 13
   　　　(4 + 9 = 13)
   　こたえ　13こ

3. ① (例)

   　　　　　　6わ　　7わ すくない
   ```
   白い うさぎ     ●●●●●●○○○○○○○
   ちゃいろい うさぎ ●●●●●●●●●●●●●
   ```

   ② しき　6 + 7 = 13
   　　　　(7 + 6 = 13)
   　こたえ　13わ

考え方

1. 「8さつもらった」とありますが，ここで求めるのは，もらう前に持っていたノートの数なので，たし算ではなく，全部の数からもらった数をひいて答えを求めます。

2. 「9こたべた」とありますが，この問題で求めるのは，食べる前にあったドーナツの数なので，ひき算ではなく，食べた数と残りの数をたして答えを求めます。

3. 第29回の 2 で扱ったのと同じ場面です。第29回とは違い，自分で図をかかなければなりません。図はどのようなかき方でもかまいませんが，「どちらが多いのか」がはっきりわかる図をかくことがポイントです。

第31回

答え

1. ① 6ばん目
   ② しき　3＋6－1＝8
   　こたえ　8こ
2. しき　6＋9－1＝14
   こたえ　14だい
3. しき　8＋5－1＝12
   こたえ　12たい

考え方

　第31回と第32回では,「順序数」の発展問題を取り上げます。問題文に書かれている数だけを使えばよいのではなく,「1」をひいたりたしたりしなければならない分,難しい問題です。

　第31回も第32回も 1 で考え方の確認をしますので,まずはしっかり理解してから 2, 3 の問題に取り組むとよいでしょう。

1　左から3番目までの「3個」にも,右から6番目までの「6個」にも,赤いおはじきが含まれているため,赤いおはじきを2回数えてしまっています。そのため,「1」をひかなければなりません。考え方の確認をするために,絵を見て数を数えながら「3」と「6」が何を表しているのかを把握するとよいでしょう。

3　図を自分でかかなければなりません。特に難しい問題ですので,お子さまが戸惑っている場合には,図のかき方を教えてあげてください。

第32回

答え

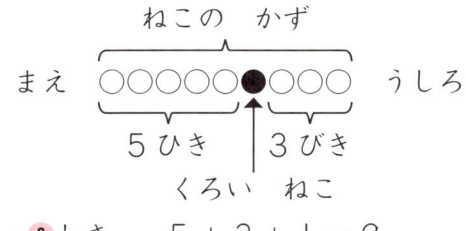

1. ①

　　　　　ねこの　かず
　まえ　◯◯◯◯◯●◯◯◯　うしろ
　　　　　5ひき　　3びき
　　　　　　くろい　ねこ

   ② しき　5＋3＋1＝9
   　こたえ　9ひき
2. しき　8＋6＋1＝15
   こたえ　15ひき
3. しき　4＋8＋1＝13
   こたえ　13人

考え方

　第31回に引き続き,「順序数」の発展問題です。第31回と第32回では違うタイプの問題を扱っていますので,どちらのタイプの問題も理解できるようにしておくとよいでしょう。

1　「5匹」にも「3匹」にも黒い猫は含まれていないため,黒い猫の分である「1」をたさなければなりません。

3　以下のような図をかいて考えるとよいでしょう。

　　　　　　人の　かず
　左　◯◯◯◯●◯◯◯◯◯◯◯◯　右
　　　　4人　　　　8人
　　　　　ゆうとさん

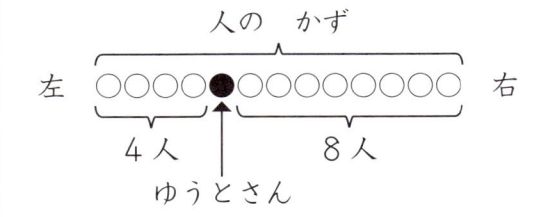

第33回

答え

1. ① く
   ② い
2. ① い
   ② え

考え方

今回は指示に従って地図上を進んでいき，宝探しをするという問題に取り組みます。ゲーム感覚で楽しく取り組めるとよいでしょう。

地図を読むという行為は日常生活でも役立つものです。1，2の地図を使って，お子さまに類題を出したり，お子さまに「㋐の場所まで行くには，どう進めばいいかな？」と問いかけて自分で説明させたりしてもよいでしょう。また，いろいろな行き方がありますので，ほかにどんな行き方があるかを考えさせてもよいでしょう。

2 曲がる方向を左右で指示しています。東西南北とは違い，左右は進行方向によって向きが変わります。お子さまにとって難しいところですので，頭の中だけで考えるのが難しい場合には，冊子を回転させて考えてもかまいません。

第34回

答え

1. しき　7＋5－1＝11
   こたえ　11人
2. しき　9－3＝6
   こたえ　6ぱいぶん
3. しき　6＋8＝14
   　　　（8＋6＝14）
   こたえ　14こ
4. しき　3＋6＋1＝10
   こたえ　10まい

考え方

それぞれ，以下のような図をかいて考えるとよいでしょう。

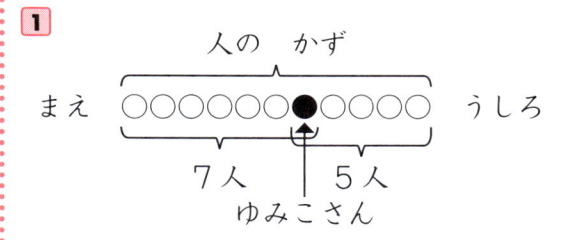

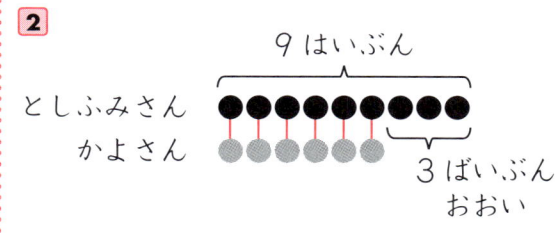

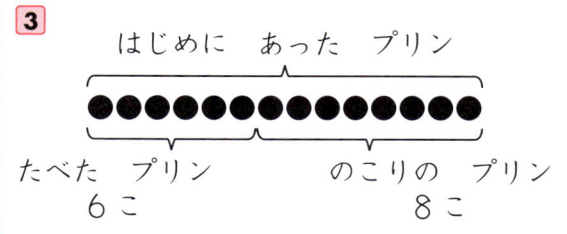

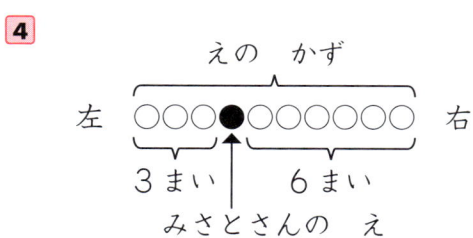

1

　　　　人の　かず
まえ ○○○○○○○●○○○○○ うしろ
　　　7人　　　　5人
　　　　　　ゆみこさん

2

　　　　　9はいぶん
としふみさん ●●●●●●●●●
かよさん　　●●●●●●
　　　　　　　　　3ばいぶん
　　　　　　　　　おおい

3

　　はじめに　あった　プリン
　●●●●●●●●●●●●●●
たべた　プリン　　のこりの　プリン
　6こ　　　　　　　　　8こ

4

　　　　えの　かず
左 ○○○●○○○○○○ 右
　3まい　　6まい
　みさとさんの　え

第35回

答え

1. しき　9 + 8 = 17
　　　　（8 + 9 = 17）
　こたえ　17わ
2. しき　16 − 7 = 9
　こたえ　9こ
3. しき　4 + 7 − 1 = 10
　こたえ　10れつ

考え方

それぞれ，以下のような図をかいて考えるとよいでしょう。

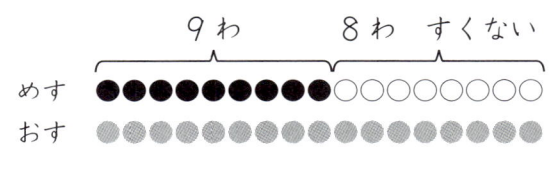

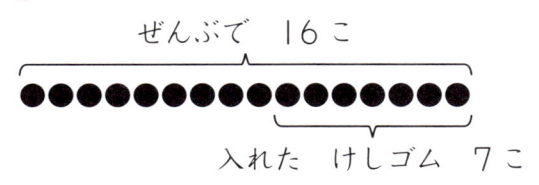

1.
```
       9わ       8わ すくない
めす  ●●●●●●●●●○○○○○○○○
おす  ●●●●●●●●●●●●●●●●●
```

2.
```
   ぜんぶで 16こ
 ●●●●●●●●●●●●●●●●
              入れた けしゴム 7こ
```

3.
```
       れつの かず
まえ  ○○○●○○○○○○○  うしろ
      4れつ  7れつ
      まきさんが すわって いる れつ
```

第36回

答え

1. ① しき　2 + 10 = 12
　　　　（10 + 2 = 12）
　　こたえ　12こ
　② しき　12 − 5 = 7
　　こたえ　7人
　③ しき　45 − 5 = 40
　　こたえ　40まい

考え方

第36回〜第40回まではこれまで以上に長い文章の問題を出題しています。文章の中から条件を読み取り，これまで学習してきたいろいろな文章題に取り組んでいきます。

長い文章は読むだけでも大変だと思います。内容を理解するためには，問題文を声に出して読むのも効果的です。声に出して読みながら場面を想像し，条件を把握していくとよいでしょう。

1. ① イラストの吹き出しにもあるように，「キウイを2こ，いちごを10こかいました」という文章から条件を読み取ります。必要な条件が書かれている文を見つけて印をつけるなどの工夫をするのもよいでしょう。
② 「さとみさんは12人をパーティーにしょうたいする」と「パーティーにしょうたいしている人のうち，子どもは5人です」を使って求めます。
③ 「おりがみを45まいもっていたので」と「子どもとおなじかずだけおりがみをつかいました」を使って求めます。

第37回

答え

1. ① しき　4 + 9 = 13
　　こたえ　13人
　② しき　13 − 8 = 5
　　こたえ　5人
　③ しき　9 + 9 = 18
　　こたえ　18こ
　④ しき　5 − 3 = 2
　　こたえ　かずひろさんのチームが2てんさでかった。

考え方

1. ①　かずひろさんのチームの人数は，「4ばん目にやきゅうじょうにつきました。かずひろさんのあとには9人きたので，ぜんいんそろいました。」という文章から求めます。
　　ひできさんのチームの人数も書かれていますが，ここでは使いません。
　②　①の答えを使って求めます。ここでも，求めるものが「かずひろさん」のチームの2年生の数だということに注意が必要です。
　④　「どちらが」と「なんてんさ」の両方を答えます。

第38回

答え

1. ① しき　70 − 40 = 30
　　こたえ　30人
　② しき　4 + 14 = 18
　　　　　（14 + 4 = 18）
　　こたえ　18人
　③ しき　4 + 6 + 2 = 12
　　こたえ　12人
　④ しき　18 − 9 = 9
　　こたえ　9人

考え方

　この問題では，オーケストラで使われる楽器を題材としています。聞き慣れない名前の楽器もあるかと思いますが，興味の幅を広げるきっかけとして，どのような楽器なのかを調べても楽しいでしょう。たとえば，現在のフルートは金属でできているものが主ですが，昔は木でできていたというようなことを調べるとおもしろいでしょう。

1. ②　バイオリンを弾いている人は，チェロを弾いている人より14人多くて，チェロを弾いている人が4人なので，4 + 14 = 18（人）です。
　③　チェロ，ビオラ，フルートを順に確認していきましょう。チェロを弾いている人が4人，ビオラを弾いている人は6人，フルートを吹いている人は2人です。クラリネットを吹いている人も同じ数という条件は使いません。
　④　金管楽器を吹いている人は，バイオリンを弾いている人より9人少ないので，②の答えを使って，18 − 9 = 9（人）と求めます。

第39回

答え

1
① しき　9 + 5 − 1 = 13
　こたえ　13 だい
② しき　3 + 5 + 4 = 12
　こたえ　12 本
③ しき　14 − 9 = 5
　こたえ　5 本

考え方

1 ①　「順序数」の発展問題です。やすかさんの車は左から9台目，右から5台目です。駐車場に止まっている全部の車の数を求めるのに「9 + 5 = 14」としてしまうと，やすかさんの車を2回たしていることになります。
　「9 + 5 = 14」と答えている場合には，第31回でかいたような図をかいて考えるように，声をかけてあげてください。

②　カレーを作るために材料がいろいろ書かれていますが，ここで求めるのは「にんじん」，「アスパラガス」，「なす」の数の合計です。問題文の「にんじんを3本」，「アスパラガスを5本」，「なすを4本」を囲むなどの工夫をしてもよいでしょう。

第40回

答え

1
① しき　15 − 8 = 7
　こたえ　7 だい
② しき　9 + 5 + 1 = 15
　こたえ　15 れつ
③ しき　7 − 2 = 5
　こたえ　5 さい
④ しき　8 + 20 = 28
　　　　（20 + 8 = 28）
　こたえ　28 こ

考え方

文章が長いだけでなく，1つ1つの問題も難しい文章題です。最後の仕上げとして，がんばって取り組んでいきましょう。

1 ②　きょういちろうさんが座っている席の前に9列，後ろに5列あります。ここで注意しなければならないのは，きょういちろうさんが座っている席の列も数えなければいけないということです。

③　きょういちろうさんはとしおさんより2才年上なので，としおさんはきょういちろうさんより2才年下です。きょういちろうさんは7才なので，としおさんは，7 − 2 = 5（才）とわかります。

④　乗れた乗り物の数と乗れなかった乗り物の数をたせば，遊園地にある乗り物の数を求めることができます。

親子の学び Q&A

　保護者のかたからＺ会に寄せられたご相談をもとに，親子の学び方についてまとめました。ぜひお読みいただき，本書での学習にお役立てください。

Q1 学習習慣をつけるには，どうしたらよいですか？

A1　毎日少しずつ，なるべく決まった時間に，教材を開くようにするのがよい方法です。子どもは，親の近くにいたがる場合もありますので，そんなときは，無理に机でやらせる必要はありません。親子で寄り添いながら進めていってください。少しずつでも続けることができれば，お子さまにとっては，大きな自信につながっていくはずです。これが積み重なって，習慣になります。

Q2 何度言っても見直しをしないのですが……。

A2　低学年の段階で，自分からすすんで見直しをすることは難しいものです。それは，低学年の課題は平易なものが中心なため，子ども自身，見直す必要性を感じにくいからです。見直しを習慣化させる早道は，見直しという行為が子どもにとって価値のある行為となる経験をさせることです。つまり，①「見直しをしない」→②「ケアレスミスのある答案になる」→③「不本意な点数を取る」→④「見直しをする」→⑤「ケアレスミスのない答案をつくる」→⑥「点数が上がる」，というプロセスを実際に経験させることです。こうした経験を重ねることで，見直しの重要性を心得てゆくことでしょう。

Q3 丁寧な字を書かせるには、どうしたらよいですか？

A3

　低学年の子どもたちにとって、字を丁寧に書くことは難しいことです。また、「丁寧に書きなさい」と言われても、「どうして丁寧に書かないといけないの？」と疑問に思うお子さまもいらっしゃいます。そのような場合は、読み手の存在を意識させることが大切です。お子さまに、"丁寧な字は、読む人がわかりやすく、読んでいてうれしくなる"ということを理解してもらいましょう。字形については、よくできている点についてはしっかりほめ、不十分な点については優しく指摘してあげてください。ただし、あまりにも細かな点について指摘すると、字を書くことへの嫌悪感が生まれかねません。初めのうちは、ある程度きちんと書けていればよしとして、ほめてあげることを重視してください。また、読み手の存在を意識させるためにも、手紙や交換日記などを書く機会を積極的にもちましょう。丁寧に書けたら、「丁寧な字で、とっても読みやすかったよ。」とほめてあげてください。おうちのかたにほめてもらえた喜びが、学習意欲につながります。

Q4 算数の文章題で答えはわかるのですが，式がうまく立てられないようです。

A4

「文章題で式をうまく立てられない」というのは，ごく一般的なケースです。文章題は，日本語で書かれた文章を読んで内容を理解し，自力で"算数の言葉"（式）に訳すことから始めなければなりませんので，通常の計算問題とは違う次元の難しさがあります。算数の文章題は低学年のうちはまだ内容がそれほど複雑ではないものが多く，出てくる数字を組み合わせるだけで答えが出たり，直感的に答えがわかってしまったりするケースも多々あることでしょう。しかし，学年が上がるにしたがって，問題文の場面を図などにかいて具体的にイメージしてからでないと式を立てられないような，難しい問題にも徐々に取り組んでいきます。ですから，低学年のうちにきちんと意味を理解しておくことが大切です。

直感で答えがわかり，式を適当に立ててしまった場合，式の意味を説明することは難しいと思いますが，答えの導き方を説明することで，問題の場面や自分の考えを整理することができると思います。そこで，「どうしてこういう答えになるのか，○○ちゃんが先生になってお母さん（お父さん）に教えてくれるかな？」などと問いかけてみてください。先生役をしてもらうことで，お子さまのやる気を引き出すことができるでしょう。

いきなり答えを求めてしまったとしても，どうやって答えを求めたのかをきちんと説明できていれば，今の時点で問題はありません。お子さまが説明できたところで，「だからこういう式になるんだね。」と，式を確認するようにしてください。上記のような練習を繰り返すうちに，徐々に正しく立式できるようになっていくでしょう。

Z-KAI